Julius Goldstein

Die Technik

unikum

Julius Goldstein

Die Technik

ISBN/EAN: 9783845743288

Erscheinungsjahr: 2012

Erscheinungsort: Bremen, Deutschland

www.unikum-verlag.de | office@unikum-verlag.de

Julius Goldstein

Die Technik

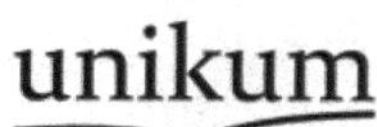

DIE TECHNIK

VON

JULIUS GOLDSTEIN

FRANKFURT AM MAIN
LITERARISCHE ANSTALT
: RÜTTEN & LOENING :

: : : : : : Druck von Oscar Brandstetter in Leipzig : : : : : :

FRAU EMMY BENVENISTI

ZUGEEIGNET

Einleitung

M ENDE EINES AN ERFOLGEN WIE Mißerfolgen reichen Lebens verfaßte Baco von Verulam im Jahre 1624 eine Schrift, die als Vermächtnis späteren Geschlechtern zugedacht war. In dieser Schrift, der „Nova Atlantis", spricht ein Mann zu uns, der bereits aus dem Kampfe des Tages herausgetreten ist, und der es verschmäht, noch ferner seine Gedanken mit neuen Argumenten wider gegnerische Einwendungen zu verteidigen. Inmitten wechselvoller politischer Schicksale hatte er unermüdlich gegen die Autorität des Aristoteles und der Scholastik gekämpft, hatte mit eindringlichen Worten voll sprühenden Geistes seine Zeitgenossen für eine Wissenschaft zu gewinnen gesucht, deren Mittel Experiment und methodisch gereinigte Erfahrung, deren Ziel Herrschaft des Menschen über die Erde, das Regnum hominis, sein sollte. Nun, da sein Leben sich dem Ende zuneigte, und er auf seiner Besitzung in Highgate der rückschauenden Muße des Alters hingegeben war, formen sich ihm seine Hoffnungen und Erwartungen zu dem leuchtenden Bilde einer Utopie.

Irgendwo im Stillen Ozean lebt ein glückliches Inselvölkchen, dessen Staatsverfassung und Kultur bis ins einzelne durch eine auf experimenteller Wissenschaft beruhende Technik geregelt ist. Sie haben eine Akademie — „Salomon's-House" — gegründet; das Ziel dieser Gründung ist „die

Kenntnis der Ursachen und die geheimen Bewegungen der Dinge zu erforschen, um dadurch die Grenzen der menschlichen Herrschaft zu erweitern". Sie haben die verschiedenartigsten Laboratorien eingerichtet: biologische Versuchsanstalten, metereologische Stationen, landwirtschaftliche Institute, Studiengesellschaften zur Förderung der Luftschiffahrt. Sie haben es auch verstanden, sich die Wärme des Erdinnern technisch nutzbar zu machen. Es fehlt ihnen nicht an Instrumenten wie Mikroskop und Teleskop, noch an solchen Erfindungen wie Unterwasserboote. Die Technik erfreut sich der höchsten Schätzung: eine Art technischer Ruhmeshalle ist vorhanden, in der die Statuen der großen Erfinder aufgestellt werden. — Indem die Bewohner der Neuen Atlantis die Naturkräfte systematisch erforschen und ausnützen, haben sie das Mittel zu einem glücklichen und zufriedenen Leben gefunden, das Not und Elend nicht mehr kennt und deshalb auch frei ist von sittlichen Verfehlungen und zerstörenden Leidenschaften. —

Der Mensch des siebzehnten Jahrhunderts sah in den Erfindungen das eigentlich Utopische dieser Schrift. Wir, denen das meiste dieser Erfindungen zur Alltäglichkeit geworden ist, erkennen das Utopische in dem Glauben, der für Baco die Voraussetzung seines ganzen Schaffens war: daß die technische Rationalisierung des Daseins von selbst das Leben von allem Problematischen befreien und einen immer vollkommeneren Zustand der Gesellschaft hervorbringen müsse. Dieser Glaube, der unausgesprochen hinter den kühnen Phantasien der Nova Atlantis lebt, hebt diese Schrift über alles Antiquarische hinaus und macht sie zum Symbol einer bis in unsere Gegenwart hineinreichenden Geistesbewegung. An die „neue Atlantis" glauben alle, denen das Menschenschicksal ein Problem der Wissenschaft, der Methode, der Energetik, der Organisation ist, kurz, ein Problem, das von außen nach innen durch eine immer vollkommenere Technik befriedigend gelöst werden kann. Dieser Baconismus will das Glück der Erde schaffen, indem er die gestaltenden Kräfte der Geschichte von dem Innenleben des Menschen, von den Fragen seines seelischen Schicksals loszulösen trachtet. Er bereitet jene Diktatur des Rationalen vor, die alles Irrationale und Persönliche mit den unpersönlichen Mitteln wissenschaftlicher Methode und maschineller Technik beseitigen zu können glaubt. „Wie man die Hand", schreibt Baco, „durch Zirkel und Lineal fähig macht, den Kreis und die gerade Linie zu zeichnen, so muß der Verstand wie durch Maschinen zur Wahrheit und ihrer fruchtbaren Anwendung befähigt werden."

Das siebzehnte Jahrhundert mit seinem unermüdlichen Ringen um eine allgemeingültige Methode des Forschens schien dieses baconische Wort erfüllen zu wollen. Und das achtzehnte Jahrhundert brachte die Rationalisierung der Technik. In der älteren Technik wurde, wie Sombart ausgeführt hat, der technische Produktionsvorgang als ein Kunstverfahren betrachtet, das manuelle Geschicklichkeit voraussetzte und nach bestimmten Regeln ausgeführt wurde. Diese Regeln waren das Geheimnis der einzelnen Meister, die es ihren Lehrlingen und Gesellen wiederum als Berufsgeheimnis übermittelten. Die mit der Dampfmaschine einsetzende moderne Technik löst aber immer mehr den technischen Produktionsprozeß von der Menschenkraft los: er wird als Naturvorgang betrachtet, der nach Gesetzen erfolgt. Diese Gesetze zu erforschen ist Aufgabe der Wissenschaft, die allen zugänglich ist.

Damit treten Wissenschaft und Technik in eine viel engere Verbindung als früher. Immer mehr wird das rein empirische Verfahren der älteren Technik übergeleitet in ein rationales und wissenschaftliches Verfahren. Dies wird nur dadurch möglich, daß die technische Arbeit auch nach ihrer dynamischen Seite unabhängiger vom Menschen wird.

Bis zur Erfindung der Dampfmaschine war die technische Arbeit mit wenig Ausnahmen gebunden an die Kräfte des menschlichen Körpers, die von den technisch verwertbaren Naturkräften und einfachen Werkzeugen unterstützt wurden. Technische Leistungen stellten nur gesteigerte menschliche Leistungen dar. Die Arbeit der Wasserräder, der Windmühlen, der Pferdegöpel und Hebel konnte, wenn notwendig, auch von Menschen verrichtet werden. Bis zur Mitte des achtzehnten Jahrhunderts war deshalb auch der Mensch das Maß des technisch Möglichen.

Mit der Erfindung der Dampfmaschine aber steigert sich die Leistungsfähigkeit der Technik in einer gegen frühere Zeiten unvergleichlichen Weise; nach allen Seiten springen überraschende Folgen hervor. Drei Eigentümlichkeiten sind es besonders, durch welche die moderne Technik sich in rein dynamischer Hinsicht von aller früheren unterscheidet: 1. Die Maschine ahmt in ihrer Arbeitsweise nicht mehr die Hand oder irgend ein Glied des Menschen nach, sondern löst die Aufgabe mit eigenen Mitteln. Wie sehr entfernt sich die Arbeitsweise eines modernen Walzwerkes von der Hammerschmiederei! Die Nähmaschine entstand nach vielen fruchtlosen Versuchen erst, als man aufhörte, die Handnaht nachzuahmen. Das Problem der Setzmaschine wurde gelöst, als man es aufgab, den Handsatz nachzuahmen. 2. Mittels Dampf und Elektrizität vermag die Technik in immer stärkerem Maße mechanische Energien räumlich zu verdichten und auf diese Weise qualitative Arbeitsleistungen hervorzubringen, die in ihrer Schnelligkeit, Feinheit und Regelmäßigkeit alle nur möglichen Leistungen der von Werkzeugen unterstützten Menschenkraft weit hinter sich lassen. Der Schnelldampfer „Deutschland" hat 35600 Pferdekräfte, bedürfte also, wenn man 24 Menschen gleich einer Pferdekraft setzt, 854400 Galeerensklaven zu seiner Fortbewegung im Wasser. 3. Immer mehr wird der Handbetrieb übergeführt in den Maschinenbetrieb. Es gibt hier keinen Stillstand — was heute noch unmöglich erscheint, ist morgen vollzogene Tatsache. Als Beispiel aus der jüngsten Zeit sei die Flaschenproduktion erwähnt. Bis vor wenigen Jahren mußte jede einzelne Flasche mittels der Glasbläserpfeife durch menschliche Lungen geblasen werden. Diese Arbeit beanspruchte 2—3 Minuten eines geübten Glasbläsers. Die Owen'sche Maschine liefert 14—15 Flaschen in der Minute. Zu ihrer Bedienung bedarf sie eines einzigen Arbeiters, leistet aber das Arbeitsquantum von 30 Glasbläsern in der gleichen Zeit.

Das alles hat nun eine neue Epoche der Gütererzeugung zur Folge gehabt. Die kapitalistische Wirtschaftsweise, ob sie gleich in ihren ersten Anfängen bis in das sechzehnte Jahrhundert zurückreicht, ist zur eigentlichen Entfaltung erst durch die moderne Technik gelangt. Sie hat die Produktion in weitem Maße von den Zufälligkeiten des Raumes und der Zeit befreit; ihre Kraft- und Werkzeugmaschinen verarbeiten mit spielender Leichtigkeit ungeheure Massen von Rohmaterial; Dampf und Elektrizität vervielfältigen, verbilligen und beschleunigen den Güteraustausch der Länder und Erdteile — den Güteraustausch der Weltwirtschaft. Angesichts dieser Verhältnisse besteht die Behauptung wohl zurecht, daß beispielsweise das deutsche Wirtschaftsleben am Anfang des zwanzigsten Jahrhunderts sich von dem am Anfang des neunzehnten Jahrhunderts viel stärker unterscheidet, als das damalige Wirtschaftsleben von dem um 1350.

So konnte die moderne Technik nach der wissenschaftlich-methodischen, nach der dynamischen und nach der ökonomischen Seite als ein voller Triumph des Baconismus erscheinen. Zwar stellten sich mit fortschreitender Technik Unzuträglichkeiten aller Art ein. Aber man glaubte, daß diese nicht im Wesen des technischen Prozesses selbst, sondern teils in der mangelhaften Organisation der Gesellschaft, teils in der noch nicht erreichten Vollkommenheit, d. h. Automatisierung der technischen Arbeit, lägen. Nun ist es keine Frage, daß mancherlei Härten des technischen Fortschritts gemildert werden können durch zweckentsprechende Veränderungen der gesellschaftlichen Organisation, und daß die Technik selbst in der Verbesserung der Maschinen Unzulänglichkeiten beseitigen kann. Allein, wo auch immer die Grenzen dieser äußeren Verbesserungsmöglichkeiten liegen mögen, und wie sehr auch die Technik das Dasein rationalisiert hat und noch weiter rationalisieren wird: immer wieder werden mit dem Fortschritt der Technik ganz neue Irrationalitäten entstehen. So sehr ferner die Technik sich immer unabhängiger von der Kraft des Menschen machen wird, und zumal mit dem inneren Menschen immer weniger zu rechnen versucht ist, sie kommt doch letzten Endes nicht über den Menschen hinaus. Ja, mehr als das: fortschreitende Technik bedarf zu ihrer eigenen Erhaltung immer mehr der sittlichen Persönlichkeit. Der Baconismus hat zwei Dinge nicht in Rechnung gezogen: 1. Neue Erfindungen erzeugen selbst immer neue Probleme. 2. Der Vervollkommnung der

Technik geht nicht eine sittliche Vervollkommnung des Menschen parallel, während tatsächlich mit gesteigerter Technik höhere Anforderungen an die sittliche Kraft des Menschen gestellt werden müssen.

Das zu zeigen soll die Aufgabe der folgenden Blätter sein. Zur dynamischen und ökonomischen Betrachtungsweise der Technik muß eine sozialpsychologische und sozialethische hinzukommen. Das letzte Ziel, zu dem diese verschiedenen Betrachtungsweisen hinlenken möchten, wäre eine Soziologie der Technik. Wie weit wir aber auch von einer solchen gegenwärtig noch entfernt sind und naturgemäß entfernt sein müssen, so dürften doch die folgenden, lose aneinandergereihten sozialpsychologischen Betrachtungen wenigstens die Vorarbeit hierzu fördern.

Die Veränderung der Arbeit

DER ÜBERGANG von der Handarbeit zur Maschinenarbeit vollzog sich nicht ohne innere Erschütterungen.

Goethe läßt in den Wanderjahren Frau Susanne, die Besitzerin einer großen Spinnerei, ihre Befürchtungen vor der drohenden Einführung der Spinnmaschinen folgendermaßen äußern: „Das überhandnehmende Maschinenwesen quält und ängstigt mich: es wälzt sich heran wie ein Gewitter, langsam, langsam; aber es hat seine Richtung genommen, es wird kommen und treffen. Man denkt daran, man spricht davon, aber weder Denken noch Reden kann Hilfe bringen ... hier bleibt nur ein doppelter Weg, einer so traurig wie der andere: Entweder selbst das Neue zu ergreifen und das Verderben zu beschleunigen, oder aufzubrechen, die Besten und Würdigsten mit sich fortzuziehen und ein günstigeres Schicksal jenseits der Meere zu suchen."

Stärker noch empfinden die Arbeiter die Maschine als ihren Feind. Denn der Übergang von der Handarbeit zur Maschinenarbeit bringt viele Arbeiter um ihr Brot. Die Maschine ersetzt in immer steigendem Maße menschliche Arbeitskräfte. Außerdem werden an Stelle der „gelernten" Arbeiter jugendliche und „ungelernte" eingestellt. Indem ferner die Maschinenarbeit die Arbeiter in die Fabrik zieht, sind sie nicht länger imstande, den kleinen landwirtschaftlichen Betrieb, der sie mit dem Notwendigsten an Nahrungsmitteln versorgt hatte, weiterzuführen. Dadurch verlieren sie den sicheren Rückhalt und werden in ihrem Lebensunterhalt den schwankenden Konjunkturen der Industrie ausgeliefert, zumal da Staat und Gesellschaft sich ebensowenig um das Schicksal des brotlos gewordenen Arbeiters wie um die ungeheuerliche Ausnutzung seiner und der Seinigen Arbeitskraft kümmerten.

Daher herrschen in der Arbeiterschaft gegen die neuen Maschinen anfangs nur Zorn und Haß. Sie klingen uns noch aus jenem Gedichte Leads entgegen, das Engels uns erhalten hat:

„Ein König lebt, ein zorniger Fürst,
Nicht des Dichters geträumtes Königsbild,
Ein Tyrann, den der weiße Sklave kennt,
Und der Dampf ist der König wild.

Er hat einen Arm, einen eisernen Arm,
Und obgleich er nur einen trägt;
In dem Arm schafft eine Zauberkraft,
Die Millionen schlägt."

Diese Stimmung entlud sich in wilden Empörungen und Zerstörungen. Die erste Dampfmühlenanlage wurde 1786 in England gebaut und 1791 unter jubelnden Straßenkundgebungen in Brand gesteckt und vernichtet. Ähnliches geschah noch bis in die Mitte des neunzehnten Jahrhunderts in Frankreich und England.

Erst als nach Einführung der Gewerbefreiheit die Arbeiter sich zu Gewerkvereinen zusammenschlossen und diese Gewerkvereine politische Anerkennung gefunden hatten, änderte sich das Verhalten der Arbeiter zum technischen Fortschritt. Anfangs versuchten sie noch durch Streiks zu verhindern, daß neue Maschinen eingestellt würden. Als jedoch die Gewerkvereine einsahen, daß es vergeblich sei, den Sieg der Maschine aufzuhalten, änderten sie ihre Taktik. Sie versuchten die Einführung neuer Maschinen möglichst günstig für ihre Mitglieder zu gestalten und gegenüber den neuen Produktionsmitteln bessere Arbeitsbedingungen zu erkämpfen: Verkürzung der Arbeitszeit, Fernhalten von „ungelernten" Arbeitern, Vermeidung von Lohnreduktionen. Dieses Ziel wurde in den sozialpolitischen Kämpfen des neunzehnten Jahrhunderts annähernd erreicht, am vollkommensten bis jetzt im Tarifvertrag.

Aber der technische Fortschritt greift in seinen Folgen auch in das seelische Leben des Arbeiters über: er verändert von Grund auf das Wesen der Arbeit und damit das Lebens- und Weltgefühl der Massen. Freilich ist es uns gegenwärtig noch nicht möglich, hierüber allgemeingültige Aussagen zu machen. Es sind zwar eine Reihe von Enquêten veranstaltet worden, — hauptsächlich vom Verein für Sozialpolitik — um die Einwirkung der Maschinenarbeit auf den Arbeiter festzustellen. Aber das Problem hat zu viele verschiedene Seiten, als daß man es gegenwärtig schon lösen könnte. Die Arbeitsbedingungen sind von einer unübersehbaren Mannigfaltigkeit; die Arbeiter selbst bilden keine einheitliche Masse, um das, was für die eine Kategorie gilt, ohne weiteres auf die anderen zu übertragen. Schließlich ist auch die wissenschaftliche Methode der Massenenquête noch nicht sicher begründet.

Trotzdem lassen sich gewisse allgemeine Züge heute schon feststellen, solche nämlich, die mit dem Wesen der modernen Technik verknüpft sind. Die Maschinentechnik hat das innere Wesen der Arbeit durch eine bis zum Äußersten durchgeführte Arbeitsteilung verändert. Solange die Technik den Arbeitsprozeß noch nicht allzusehr in seine Einzelheiten aufgelöst hat, kann der Arbeiter daran seine persönliche Geschicklichkeit erweisen; so lange strömt ihm auch noch Freude aus seiner Arbeit entgegen. Er ist an dem Wachsen und Werden des Arbeitsproduktes innerlich beteiligt, er empfindet etwas vom Segen der Arbeit, sei diese auch noch so schwer und gefahrvoll, wie etwa die der Former und Gießer. Aber die moderne Technik strebt mehr und mehr dahin, den Arbeitsprozeß in immer kleinere Teilprozesse aufzulösen, die nur noch Kraftleistungen beanspruchen, und diese Teilprozesse dem Menschen abzunehmen und der Maschine zuzuweisen. So bleiben dem Arbeiter schließlich nur noch wenige Handgriffe übrig, die in ewiger Monotonie tagaus, tagein zu wiederholen sind. Der sittlich bildende Einfluß der Arbeit wird immer geringer. An dem Ganzen oder auch nur an einem größeren Teil des Arbeitsprozesses hat der Einzelne keinen Anteil mehr. Dazu kommt, daß in den großen Betrieben eine ans Militärische grenzende Präzision und Unterordnung herrscht: die Tätigkeit ist genau vorgeschrieben und geregelt. Ein Spielraum individuellen Könnens ist kaum noch vorhanden, es sei denn bei der dünnen Schicht von Qualitätsarbeitern, oder bei solchen Arbeitern, die mit kostbarem und empfindlichem Material umzugehen haben. Die Maschine verrichtet automatisch ihre Funktion, der der Mensch ununterbrochen folgen muß. Bei allen Kategorien von Arbeitern, in deren Beruf die Arbeitsteilung sehr weit gediehen ist und mit mechanischer, interesseloser Tätigkeit eine hohe Verantwortung verknüpft ist, stellt sich in erschreckendem Maße Neurasthenie ein.

Gegen die schwer zu ertragende Eintönigkeit der Maschinenarbeit versucht man die verschiedenartigsten Erleichterungen zu schaffen. Herkner erzählt, daß Arbeiterinnen einer Nähmaschinenfabrik, in der eine besonders weitgetriebene Arbeitsteilung herrschte, sich dadurch eine gewisse Erleichterung zu verschaffen suchten, daß sie an ihren Plätzen Farbendruckbilder anbrachten und diese öfters wechselten. Ein bemerkenswerter Fall ähnlicher Art wird aus einer amerikanischen Pianofabrik berichtet. In dieser wurden Mädchen mit der Zusammensetzung von Teilen des Anschlagmechanismus beschäftigt, und zwar so, daß jede Arbeiterin nur eine gewisse Bewegung auszuführen hatte, die sich immer wiederholte. In keiner Abteilung des Betriebes waren die Arbeiterinnen unzufriedener; sie wechselten beständig. Die Firma richtete ihnen ein schön ausgestattetes Zimmer für ihre Lunch- und Ruhezeit ein, auch wurde auf die Ventilation und die Ausschmückung der Arbeitsplätze besondere Sorgfalt verwandt. Aber vergeblich. Als letztes Mittel brachte der Abteilungschef eine schöne große Katze mit. Diese löste das Problem. Sie brachte hier und da einer Arbeiterin, auf deren Schoß sie sprang, eine kurze Ruhepause, die ausreichte, das durch die monotone Arbeit verursachte Ermüdungsgefühl zu beseitigen. Die Mädchen interessierten sich sehr für das Tier, sie brachten ihm Leckerbissen mit und verhätschelten es auf jede Weise. Die Katze schaffte stabile Zustände im Personal und hatte einen sehr günstigen Einfluß auf die Arbeitsleistungen und die Produktion. (Frankfurter Zeitung, 29. Januar 1912.) — —

Das Maschinenwesen kann nur lehren, was es selbst betätigt: Ordnung, Präzision, Unterordnung unter unabänderliche Gesetzmäßigkeit. All das ist wertvoll für den intellektuellen und moralischen Charakter. Aber in diesen Tugenden kommt doch nur eine Seite des menschlichen Wesens zur Geltung. Ein Mensch, der ausschließlich diese Eigenschaften unter dem Druck der Maschinenarbeit entwickelt, muß verkümmern. Ihm geht das Eigenste des Lebens, die Abwechslung, die Hingabe an neue Aufgaben, fortschreitende Neugestaltung seiner Ideen und Kräfte verloren. Denn, wie Hobson es treffend formuliert: „Abwechslung ist das Wesen des Lebens, und Maschinenarbeit ist der Feind der Abwechslung".

Diesen Konflikt empfinden denn auch die Arbeiter besonders stark, sofern sie nicht schon durch die Maschinenarbeit zu der Massenschicht der „seelisch Toten" gehören. Dafür hat Adolf Levenstein in seinem Werke: „Die Arbeiterfrage, mit besonderer Berücksichtigung der sozialpsychologischen Seite des modernen Großbetriebes und der psychologischen Einwirkungen auf die Arbeiter" (Ernst Reinhardt, München 1912), wertvolles Material gesammelt. Die ungeheure Monotonie der Maschine bringt die geistig regen Arbeiter zur Empörung. So schreibt ein Eisendreher: „Ich muß mich zwingen, Interesse an meiner Arbeit zu finden und kann es doch nicht. Ein Fisch kann nicht in der Luft leben, weil er durch Kiemen atmet. Und meine Seele kann bei einer Arbeitsmethode nicht leben, wo sich nichts zum Denken bietet. Ich wehre mich mächtig gegen diese Vergewaltigung, und weil mein sittlicher Mensch noch Kraft besitzt, wird der Körper überwältigt. Meine Hände stehen noch unwillkürlich viele Minuten still. Mir graut vor jedem neuen Arbeitstage. Und wenn ich morgens die Arbeit aufnehme, kann ich mir kaum vorstellen, zehn Stunden diese Marter zu ertragen. Ich verlasse darum, muß die Arbeit verlassen. An jeder neuen Arbeitsstätte findet der Geist, wenigstens zunächst, Anregung: das geht immer einige Wochen, und der gequälte Zustand beginnt von neuem. Und doch — ich muß, hören Sie, ich muß sie zeitweilig verlassen, weil sonst die monotone Arbeit mich zermürbt."

Oder man höre folgende Schmerzensworte eines Berliner Plüschwebers: „Ich verrichte immer dieselbe Arbeit: Doppelplüsch. Der Widerwille dagegen richtet sich in einer Mißstimmung gegen die ganze Umgebung. Die Zeit vergeht zu langsam. Eine Stunde Arbeitszeit wird zur Ewigkeit. Und dann: die Arbeit ist ganz weiß, alles weiß: die Kette, die Poile, der Schuß, alles weiß. Die gewebte Ware auch weiß. Das Auge hat keinen Anhaltspunkt. Ein Haß gegen die bestehenden Einrichtungen erfüllt die Seele. Weil gar kein Mensch die Anstrengungen sieht, immer gleich der Maschine auf dem Posten sein zu müssen".

Ein anderer Berliner Weber schreibt: „Zu der langen Arbeitszeit und dem niedrigen Verdienst kommt noch die den Geist verblödende Eintönigkeit und Gleichmäßigkeit der Arbeit selbst. Es ist ewiges Einerlei von früh bis spät. Ob ich webe, ob ich die Ketten oder Poilen aufbäume oder ob ich Faden um Faden andrehe oder ankere, alles zum Sterben langweilig, eintönig, einschläfernd und ermüdend. Es ist vollständig gleichgültig, ob ich diesen oder jenen Artikel webe, ob ich auf Konfektionsplüsch —, Stoffe, — Tücher, — Chenille, — Phantasie, — Leinwand — oder Kleiderstoffe arbeite, die Arbeit selbst bietet keinerlei Abwechslung, die Eintönigkeit und Gleichmäßigkeit des Arbeitens ist immer dieselbe. So stehe ich denn an meinen Platz gebannt, Stunde um Stunde und sehe der rastlos arbeitenden Maschine zu. Mechanisch wiederholen sich dieselben Handgriffe, wenn die eingelegte Spule abgelaufen ist. Das ist die einzige Beschäftigung, höchstens daß nochmals hin und wieder ein Faden reißt, der geknüpft werden muß. Die Hauptbeschäftigung ist Stehen und Beobachten. Öfters erfaßt mich eine Arbeitswut, die Unruhe der Maschine überträgt sich dann auf mich. Dann laufe ich um den Stuhl herum, und dann möchte ich der Maschine helfen, daß sie noch schneller arbeitet. Die Einwirkungen einer monotonen, inhaltlosen Beschäftigung, die Langweiligkeit des Arbeitsprozesses, die Sorge, zu wenig zu verdienen, alles trägt dazu bei, die Arbeit zur Qual und zur Unruhe zu gestalten. Ich betrachte die Maschine als meinen Feind, wenn sie so gleichmäßig, ohne aufzuhalten ihren regelmäßigen Gang geht. Die Maschine ist ganz aus Stahl, nur Stahl, hat weder Herz noch Nerven, kennt keine Müdigkeit, keine Angst, keinen Schmerz, keine Wut, steht aufrecht und kann ewig aufrecht stehen und arbeiten. Dieses verdammte Stahlgeschöpf, es muß siegen in einem Kampf, der kein Kampf ist. Herausreißen möchte ich das Stahlherz, das so unbarmherzig und leidenschaftslos schlägt. Die Maschine kann erst in Bewegung gesetzt werden, wenn der Weber sie einschützt; dadurch, daß er mit der Hand an die Einschußstange faßt, stellt er erst den nötigen Kontakt her, der den Webstuhl in Bewegung setzt. Man könnte den Weber fast die Seele der Maschine nennen, wenn diese selbst eine Seele hätte. Und um die Arbeitsfreude voll zu machen, kommt auch der Meister öfters und sagt: Hören Sie mal, der Platz, auf dem Ihr Stuhl steht, muß mehr einbringen. Wenn Sie keine besseren Leistungen erzielen, werden Sie entlassen. Dann arbeitet man wie ein Verzweifelter, nicht rechts, noch links wird geschaut."

Die sich selbst regulierende Maschine, das immerwährende Einerlei der Beschäftigung ermöglicht es manchen Kategorien von Arbeitern, sich ihren Gedanken zu überlassen. Aber mit Ausnahme der Textilarbeiter empfinden die meisten das Denken als Qual, weil es ihnen umso schärfer ihre Lage und die Eintönigkeit ihrer Beschäftigung zum Bewußtsein bringt. So schreibt ein Bergarbeiter: „Das Denken ist in meinem Milieu Leiden, weil ich durch das Denken eben weiß, wie elend und unglücklich ich bin. Läge doch der Fluch der Unwissenheit über meinem geistigen Auge!" — —

Etwas hat aber die Technik gebracht, das wie eine Art Kompensation für die mit ihr verknüpften Leiden angesehen werden kann: Verkürzung der Arbeitszeit. Größere Arbeitsintensität bei kürzerer Arbeitszeit — das macht sich in technisch vorgeschrittenen Betrieben als allgemeine Tendenz bemerkbar.

Den Grund hierfür hat Ernst Abbe aufgewiesen. Er zerlegt den Kräfteverbrauch des Fabrikarbeiters in zwei Teile: in einen ordentlichen und in einen außerordentlichen. Der ordentliche wird bei der eigentlichen Arbeitsverrichtung hervorgerufen durch eine Anzahl kombinierender Handgriffe und Körperbewegungen und durch die für Korrektur und Überwachung der Maschine verausgabte psychische Energie.

Der außerordentliche Kräfteverbrauch findet außerhalb des eigentlichen Arbeitsaktes statt. Er wird hervorgerufen durch den Aufenthalt in einem vom Lärm der Maschinen sowie vom Staub der Ölteilchen erfüllten Raume und durch das Stehen oder Sitzen am Werkzeug bzw. an der Maschine. Dieser Leergang der Arbeit, wie Abbe in Analogie zum Leergang der Maschine sagt, ist es, der bei einer Herabsetzung der Arbeitszeit den Verbrauch an Muskel- und Nervenenergie einschränkt. Was hier an Energie gespart wird, kommt so der eigentlichen Arbeitsproduktivität zugute. Bei welcher Anzahl von Arbeitsstunden die Optimalintensität liegt, das muß jede Industrie für sich erproben. Jedenfalls ist die Verkürzung der Arbeitszeit ein technisches und ethisches Postulat: ein technisches Postulat, sofern die Verfeinerung der Maschinen und die Steigerung der Drucke, Temperaturen und Geschwindigkeiten ein immer größeres Maß von Aufmerksamkeit und Verantwortlichkeit vom Arbeiter verlangt; ein ethisches Postulat, sofern die technisch verfeinerte Kultur geistig und sittlich höherstehender Menschen zu ihrer Aufrechterhaltung bedarf.

Der Arbeiter hat höhere Löhne und mehr freie Zeit als früher. Und hier erhebt sich nun die bedeutungsvolle Frage: Wird die freie Zeit in einer kulturell wertvollen Weise angewandt? Diese Frage ist ethisch und volkswirtschaftlich gleich wichtig. Denn nur, wenn die freie Zeit und die höheren Löhne eine kulturell wertvolle Verwendung finden, kann die Maschinenkultur durch eine Menschenkultur ergänzt und veredelt werden; erst dann können die sittlichen Schäden, welche die Maschinenarbeit vielfach in ihrem Gefolge hat, einigermaßen behoben werden.

Hier münden alle Fragen in das ethische Problem vom

richtigen Gebrauch der freien Zeit. In Deutschland ist man sich immer mehr der ethischen Bedeutung dieser freien Zeit bewußt geworden. Große Firmen haben ihren Arbeitern Bildungsmöglichkeiten aller Art zur Verfügung gestellt, und Gewerkschaften und Kommunen sind eifrig bestrebt, dem Arbeiter Gelegenheit zu geben, seine freie Zeit in kulturell wertvoller Weise auszunutzen. In Frankreich und England machen sich freilich bedenkliche Zeichen eines sittlichen Niederganges bemerkbar. Die Arbeiter verwenden vielfach ihre freie Zeit, um in die Music-Halls zu gehen und in unsinnigen Wetten an den öffentlichen Sportveranstaltungen teilzunehmen. Eine Go-easy-Politik ist eingerissen, die auf die Dauer demoralisierend wirken muß.

Es hat lange gedauert, bis man die Bedeutung der freien Zeit für den Arbeiter und den Unternehmer erkannt hat. Zu Anfang der technisch-industriellen Entwicklung herrschte in England ganz allgemein die Überzeugung: Hohe Getreidepreise, lange Arbeitszeit, niedrige Löhne — nur unter diesen Voraussetzungen kann man den Arbeiter bei der Arbeit halten. Freie Zeit und höhere Arbeitslöhne würde der Arbeiter, so glaubte man, nur zu Alkoholexzessen gebrauchen. Diese pessimistische Auffassung hatte eine gewisse Berechtigung. Die Masse der englischen Arbeiter stand am Ende des achtzehnten Jahrhunderts intellektuell und sittlich auf einer niederen Stufe. Dann aber kam die zweite Phase: fortschreitende Technik verlangte geistig und sittlich entwickelte Menschen. Es verbreitete sich auch in den Kreisen der Arbeitgeber die Einsicht, daß eine bessere Lebenshaltung der Arbeiter und eine Verkürzung der Arbeitszeit bessere Arbeitsprodukte hervorbringen würden. Der Staat nahm sich der Arbeiter an. Die Zehnstunden-Bill vom Jahre

1840 bedeutete einen wichtigen Schritt in der staatlichen Fürsorge für den Arbeiter. Ein neues Geschlecht von Arbeitern entstand, insonderheit in Deutschland, wo im letzten Drittel des neunzehnten Jahrhunderts der Staat den Gedanken der Sozialpolitik in großzügigster Weise zu verwirklichen suchte.

Freilich sind im Gefolge der Unfall- und Invaliditätsgesetze neue sittliche Probleme entstanden. Während der Arbeiter vor der Unfallgesetzgebung bei einem Unfall nur von dem Bestreben beseelt war, wieder gesund zu werden, — ein Bestreben, das die Heilung mit herbeiführen half — hat die Unfallgesetzgebung, die für den Fall dauernder Invalidität eine Rente in Aussicht stellt, oftmals die seelische Haltung zum Unfall verändert. Der Verletzte denkt jetzt vielfach sofort an die zu erwartende Rente.

Das schwächt seine Selbständigkeit und Energie und kann leicht zu einer gewissen Demoralisation führen. Professor Quincke hat in der Schlesischen Zeitung vom Jahre 1905 eine Reihe von Aufsätzen unter dem Titel „Der Einfluß der sozialen Gesetze auf den Charakter“ veröffentlicht. Ich entnehme ihnen folgende Sätze:

„Vor der Unfallgesetzgebung (und noch jetzt in den meisten Ländern) hatte der Verletzte nur das Interesse, gesund und arbeitsfähig zu werden. Vernünftigerweise hat er es auch jetzt noch; aber neben diesem Interesse besteht der Gedanke an die Rente für den Fall, daß er es eben nicht wird.

Es ist psychologisch recht interessant für den Arzt zu beobachten, wie verschieden diese Aussicht auf die mögliche Rente bei verschiedenen Menschen wirkt; die meisten sind so verständig, volle Arbeitsfähigkeit als das Wünschens- und Erstrebenswerteste anzusehen; bei anderen spielt die

Rentenaussicht von vorneherein eine Rolle und gewinnt umsomehr an Gewicht und Bedeutung, je länger die Wiederherstellung sich hinzieht; Familiensorge, Beispiele anderer Unfallverletzter, Unterhaltung mit Bekannten, mit der Frau, mit den Eltern, nähren den Gedanken an die Rente und ihre Wertschätzung. Die zögernde Gesundung veranlaßt den Verletzten zur Selbstbeobachtung — mit Recht, soweit es die wirklich bestehende Störung betrifft; aber auch alle möglichen unbedeutenden Empfindungen am verletzten Teile, alle möglichen Schwankungen des Befindens und Empfindens überhaupt werden beachtet; sie werden, selbst wenn sie nachweislich vorher schon in demselben Grade vorhanden gewesen sein müssen, mit dem Unfall in ursächliche Beziehung gebracht — vermutungsweise oder mit sicherer subjektiver Überzeugung, je nach der Individualität. Wir sehen alle möglichen Übergänge von den leichtesten Graden einer natürlichen Ängstlichkeit bis zu ausgesprochener Hypochondrie. Freilich kann dieser Zustand sich bei jedem, auch nicht versicherten Verletzten entwickeln; der Gedanke an eine mögliche Rente begünstigt aber augenscheinlich sein Zustandekommen, auch bei Privatversicherten aus gebildeten Ständen. In unheilvoller Weise wird also durch dieses psychische Moment bei vielen Unfallverletzten die Wiedergewinnung der Arbeitsfähigkeit erschwert und hinausgeschoben, zuweilen auf Nimmerwiederkehr."

Quincke glaubt, das Unfallgesetz wirke umgekehrt wie die allgemeine Wehrpflicht. Diese wurde eingeführt, um den Einzelnen zur Verteidigung des Vaterlandes heranzuziehen. Im Laufe der Zeit hat sich aber die Wehrpflicht als ein Volkserziehungsmittel großen Stils erwiesen, weil sie den Einzelnen dazu erzieht, Unbequemlichkeiten gering zu achten, die eigene Person hintanzusetzen und als Glied eines größeren Ganzen gemeinsame Ziele zu erstreben. Es hat vieler Jahrzehnte bedurft, bis die erzieherische Wirkung der Wehrpflicht auf den Charakter der Nation sich geltend gemacht hat. Der demoralisierende Einfluß des Unfallgesetzes aber, meint Quincke, sei schon jetzt bemerkbar und werde im Laufe der Jahre immer deutlicher sich geltend machen.

Es bedarf wohl nicht einer besonderen Erwähnung, daß diese Ausführungen sich nicht gegen die Fortführung der Sozialpolitik wenden. Mir kommt es an dieser Stelle nur darauf an, zu zeigen, wie alle Institutionen, alle Verbesserungen der äußeren Lebensbedingungen ohne eine gleichzeitige Kräftigung des sittlichen Bewußtseins ihren Zweck verfehlen. Die Schädigungen der Technik machen Sozialpolitik notwendig, aber die gedeihliche Wirkung der sozialpolitischen Gesetze hängt letzten Endes wieder von der Versittlichung der Persönlichkeit ab.

Das Problem der Betriebssicherheit

JE MEHR die Technik unser Dasein durchdringt, umsomehr Bedeutung gewinnt das Problem der Betriebssicherheit. Es ist gegen frühere Zeiten schwieriger geworden, weil die Technik in immer noch steigendem Maße Druck, Temperatur und Geschwindigkeit anwachsen läßt. Je mehr man mit elektrischer Kraft und mit Explosivstoffen arbeitet und je mehr der Personen- und Güterverkehr sich ausbreitet und beschleunigt wird, um so größer und vielfältiger werden die Möglichkeiten, an Leben und Eigentum Schaden zu nehmen. Gedankenlose Unwissenheit, wo Wissen und Überlegung nötig sind, rächt sich mehr als ehedem. Einige Zahlen mögen die volkswirtschaftliche Seite dieser Frage beleuchten. Seit dem Jahre 1884, wo das Unfallgesetz in Kraft getreten ist, bis zum Jahre 1899 mußten in Deutschland 464 606 Unfälle, die zu Erwerbsbeeinträchtigungen führten, entschädigt werden. In dem Zeitraum von 1885 bis 1899 hatten die in den gewerblichen Berufsgenossenschaften vereinigten Unternehmer die Summe von 370 Millionen Mark für Betriebsunfälle zu zahlen. Angesichts dieser Zahlen ist es begreiflich, daß die Technik das Problem der Betriebssicherheit mit technischen Mitteln soweit als möglich zu lösen versucht. Die Techniker haben es als soziale Pflicht erkannt, bei der Konstruktion der Maschine den Unfallschutz als vollwertigen Konstruktionsfaktor mit zu berücksichtigen. Aber die Unfallverhütung als Konstruktionsfaktor gibt noch in keiner Weise eine ausreichende Sicherheit gegen den Unfall. Ohne den Menschen, seine Achtsamkeit und Aufmerksamkeit, sein Pflicht- und Verantwortlichkeitsgefühl, versagen alle technischen Schutzvorrichtungen und Vorschriften. Oft genug kommt es vor, daß die Arbeiter die Schutzvorrichtungen nur unvollkommen kennen, oder, wenn sie sie kennen, sich ihrer nicht bedienen, weil die Benutzung der Vorrichtungen die Arbeit verlangsamt und die Leistung herabdrückt — was bei der Akkordarbeit den Lohn des Arbeiters verkürzt. Auch die vollkommensten technischen Konstruktionen des modernen Schiffsbaus haben sich, wie die Katastrophe der Titanic gezeigt hat, als nutzlos erwiesen, wenn Schnelligkeitswahnsinn und Rekordjagd das Verantwortlichkeitsgefühl ersticken. Je größer die Massen werden, die zur Beförderung gelangen, umso verhängnisvoller werden die Folgen sittlicher Unzulänglichkeit. Ferner können Geiz und Geldgier dazu verführen, technische Verbesserungen, die Unfälle verhindern könnten, zu unterdrücken. So wird von einem Fall berichtet, wo eine Straßenbahngesellschaft in einer großen amerikanischen Stadt es abgelehnt hat, ein verbessertes Schutzgitter einzuführen, das es praktisch unmöglich machte, Personen tödlich zu verletzen, weil die jährlichen Kosten für dieses Schutzgitter 5000 Dollars mehr betragen hätten als die Ausgaben für die durchschnittlich zu zahlenden Schmerzensgelder. Dieselbe Gesellschaft weigerte sich auch, verbesserte Bremsen einzuführen, die Unfälle mit schwerem Ausgang vermindert hätten. Als Grund für diese Weigerung ergab sich, daß einer der Direktoren an der Herstellung der alten Bremsen geschäftlich stark interessiert war.[1]

So hat das Problem der Betriebssicherheit, wie es in den tausendfachen Gestaltungen unserer Industrie und Verkehrstechnik erscheint, auch eine ethische Seite. Besonders wichtig ist diese Seite in unserem technisch so hoch entwickelten Eisenbahnwesen. Die Technik versucht im Eisenbahndienst durch Einschaltung automatischer Sicherungen Unfällen vorzubeugen. Aber die Häufung automatischer Sicherheitsvorrichtungen hat eine merkwürdig entgegengesetzte Wirkung auf das Verantwortlichkeitsgefühl. Dieses wird einerseits gesteigert und gestärkt, andrerseits aber können die automatischen Sicherungen die Achtsamkeit einlullen und das Verantwortlichkeitsgefühl des Führerpersonals schwächen Auf diese Gefahr weist man immer wieder hin, wenn verlangt wird, man solle die automatischen Sicherungen noch weiter vermehren. Statt einer Abnahme befürchtet man da-

[1]) Ethics, von Dewey und Tufts, S. 443/444.

durch eine Zunahme der Unglücksfälle. Uebrigens haben auch kürzlich die Vertreter der Lokomotivführerschaft Preußens sich gegen die Einführung selbsttätig wirkender Bremsen ausgesprochen, da sie in deren Einführung eine Betriebsgefahr erblicken. Bei allen automatischen Sicherungen muß man stets damit rechnen, daß sie einmal versagen. Wenn ein Lokomotivführer daran gewöhnt ist, daß die Apparate ihre Schuldigkeit tun, so wird er im Beobachten der Streckensignale leichtsinnig werden, und wenn dann einmal im gefährlichen Augenblick das unausbleibliche Versagen eintritt, so ist das Unheil gerade so gut geschehen, als ob niemals eine automatische Sicherung vorhanden gewesen wäre. Wie man sich nun hier die Verantwortung dadurch erleichtert, daß man sich den automatischen Sicherheitsvorkehrungen anvertraut, so kann innerhalb der Beamtenorganisation, die in modernen Großbetrieben gegeben ist, der Einzelne seine Verantwortung sich dadurch erleichtern, daß er sich auf den anderen verläßt, nicht etwa deshalb, weil er zu dem anderen besonderes Vertrauen hat, sondern weil es ihm an Gemeingefühl mangelt gegenüber dem Ganzen des Betriebes.

Was man in Deutschland als sogenannte „preußische Schneidigkeit" bezeichnet, etwas, das ja auch seine guten Seiten hat, bedeutet innerhalb einer großen Beamtenorganisation, z. B. im Eisenbahnwesen, das Verhältnis einer gewissen halbfeindlichen Neutralität der einzelnen Glieder zueinander. Halbfeindliche Neutralität: so möchte ich die Gefühlsbeziehung umschreiben, in der die einzelnen Be-

---

[1]) Vergl. „Eisenbahnsicherungen" von Hans Herwig, 1. Morgenblatt der Frkft. Ztg., 9. Januar 1912.)

amten einer Betriebsorganisation zueinander stehen können; und dieses Gefühl halbfeindlicher Neutralität, dieser Mangel an sozial-ethischem Bewußtsein führt leicht zu Katastrophen und rächt sich aufs schwerste. So konnte man früher oftmals bei Gerichtsverhandlungen zur Feststellung der Schuld von Eisenbahnunglücksfällen immer wieder hören: „Ich habe es wohl gemerkt, daß irgend etwas nicht in Ordnung war, aber es war nicht meines Amtes, es dem Vorgesetzten zu melden: hätte ich es ihm gesagt, dann wäre ich doch nur" — um unseren militärischen Jargon zu gebrauchen — ‚angepfiffen' worden."

Angesichts dieser Verhältnisse hat der preußische Eisenbahnminister im August 1911 an die Beamten einen Erlaß gerichtet, worin er anschließend an die Vorschriften über Verhütung von Unregelmäßigkeiten der Signal- und Sicherheitseinrichtungen auf die Verantwortung und das Verantwortlichkeitsbewußtsein der Beamten hinweist. Er fordert bei Fehlern und Störungen in den Signal- und Sicherheitseinrichtungen genaueste Beachtung der Vorschriften und sofortige Meldung an zuständiger Stelle. Die Beamten müßten sich bewußt sein, daß sie für die Folgen mitverantwortlich seien, wenn wegen der Unterlassung einer solchen Meldung ein gefahrbringender Zustand entstehe oder bestehen bleibe. Einige in letzter Zeit bekannt gewordenen Vorkommnisse ließen es zweifelhaft erscheinen, ob das Gefühl einer solchen Mitverantwortlichkeit überall genügend ausgebildet sei.

Der obgedachte Mangel an Gemeinsinn, das Gefühl halbfeindlicher Neutralität, ist eine der bedenklichsten Seiten an dem Probleme der Betriebsicherheit. Die Bedeutung dieser ethischen Imponderabilien konnte man besonders deutlich bei der Radboder Bergwerks-Katastrophe feststellen. Der

Berichterstatter der „Frankfurter Zeitung" schrieb, als er persönlich an Ort und Stelle weilte, in einem Nachworte zur Radbod-Katastrophe folgende Worte: „Die traurigste Erfahrung, die der aufmerksame Beobachter in diesen Tagen im Ruhrgebiete machen mußte, war das schlechte Verhältnis der Bergwerksleute zu den Werksbesitzern. Schlimmer kann es wirklich kaum noch werden, und es ist auch nicht abzusehen, wie es besser werden solle. Fast jeder rein menschliche Zusammenhang ist zerstört, es fehlt an jeglichem Vertrauen zum guten Willen des einen und des anderen Teiles. Der latente Kriegszustand ist in Permanenz erklärt .... Daß aus einem solchen Verhältnis nichts Gutes werden kann, braucht nicht mehr gesagt zu werden. Es gähnt zwischen den Arbeitern und den Werksbesitzern eine Kluft, die von Jahr zu Jahr vertieft worden ist."

Das Problem der Betriebsicherheit ist daher auch ein ethisches Problem und verlangt das Vorhandensein eines sozial-ethischen Gemeingefühls innerhalb des Gesamtbetriebes. Hier wird es für den gebildeten Techniker zur sozialen Pflicht, das soziale Gemeingefühl zu fördern und zu kräftigen. Dazu ist notwendig, daß er sich in den Dienst der sozialen Vermittlung zwischen Arbeitgeber und Arbeitnehmer stellt.

Soziales Vermittleramt! Das ist die erste große Pflicht des akademisch gebildeten Technikers. Zu ihrer Erfüllung bedarf es allerdings eines ganz besonderen Taktes. Diesen Takt glauben die Amerikaner bei der Frau zu finden und haben ihr deshalb dieses Vermittlungsamt zugewiesen. Aber wessen die Frau in Amerika fähig erscheint, dessen sollte auch der Mann in Europa fähig sein. An manchen großen Instituten ist in Amerika eine „soziale Agentin" tätig, eine hochgebildete, feinfühlige Frau, die taktvoll zwischen den Arbeitern und den Arbeitgebern die psychologische Vermittlung übernimmt, indem sie Verstimmungen zwischen beiden Kreisen aus der Welt zu schaffen sucht, bevor diese Verstimmungen sich zu feindseligen Spannungen und Gegensätzlichkeiten vergrößert haben.

Diese Art sozialer Vermittlung, diese Berücksichtigung ethischer Imponderabilien, die wir in Europa vielfach noch als ideologisch verspotten, begründen die Amerikaner in rein praktischer Weise mit der Behauptung: it pays.

Die Pflicht des Technikers, sozial im weiteren Sinne zu vermitteln, hat Kaiser Wilhelm II. bei der Verleihung des Promotionsrechtes an die preußischen Hochschulen in denkwürdigen Worten ausgesprochen: „Ich wollte die Technischen Hochschulen in den Vordergrund bringen, denn sie haben große Aufgaben zu lösen, nicht bloß technische, sondern auch große soziale. Die sind bisher nicht so gelöst, wie ich wollte. Sie können auf die sozialen Verhältnisse vielfach großen Einfluß ausüben, da Ihre vielseitigen Beziehungen zur Arbeit und zu Arbeitern und zur Industrie überhaupt eine Fülle von Anregung und Einwirkung ermöglichen. Sie sind deshalb in der kommenden Zeit auch zu großen Aufgaben berufen. Die bisherigen Richtungen haben ja leider in sozialer Hinsicht vollständig versagt. Ich rechne auf die Technischen Hochschulen! . .

Sie müssen aber Ihren Schülern die sozialen Pflichten gegen die Arbeiter klar machen und die großen allgemeinen Aufgaben nicht außer Acht lassen."

Es dürfte hier am Orte sein, einige Worte einzuschieben über das Bildungsproblem des Technikers. Wenn der Techniker, nach den Worten des Kaisers immer mehr berufen ist, an den großen allgemeinen Aufgaben teilzunehmen, so müssen natürlich auch an seine Ausbildung ganz andere Ansprüche gestellt werden, als früher. Es handelt sich hierbei weniger um durchgreifende Änderungen in seiner fachlichen Ausbildung — die freilich auch in der Richtung der neuen Berufe, denen der Techniker zustrebt, erweitert oder verengert werden muß — sondern es handelt sich um ein ethisches Bildungsproblem, das mir bisher auf den technischen Hochschulen und in den Erörterungen über die Veränderung des Hochschulbetriebes nicht genug gewürdigt zu sein scheint.

Jedes Fach, jeder Beruf schlägt nach innen, erfüllt die Bilder der Phantasie und beeinflußt die Art, wie wir Menschen und Dinge betrachten und erleben. Nun liegt in der Technik ohne Frage eine Reihe erzieherischer Kräfte. Die Technik erzieht zur Wahrhaftigkeit, zur Abneigung gegen alles Scheinwesen, sie fördert die Tugend der Sachlichkeit. Aber eine ausschließlich technische Fachbildung birgt, wie jede einseitige Fachbildung, gewisse ethische Gefahren in sich. Der Techniker, der innerhalb seiner Technik notwendig alles unter dem Gesichtspunkt des Nutzwertes betrachten muß, wird leicht dahin kommen, von allem zwar den Preis, von nichts aber den Wert mehr zu erkennen; er wird dazu verführt, auch sein Weltbild von der Technik aus zu gestalten. Er, der fortwährend mit Maschinen und Mechanismen umgeht, sieht schließlich auch im Universum nichts anderes als einen Mechanismus. In Diskussionen ist es mir oft aufgefallen, wie schwer es jungen Technikern wird, bei der Beurteilung höherer geistiger Fragen sich von mechanistischen Vorstellungen frei zu machen; alles muß sich auf mechanische Kräfte zurückführen lassen —

das ist ihr Glaubensartikel. Die ausschließliche Beschäftigung mit der Technik und den ihr zugeordneten naturwissenschaftlich-mathematischen Fächern führt — wie jede einseitige Beschäftigung — eine Abstumpfung des Gemütlebens für alle anderen Interessen und Werte herbei. Das hat selbst ein Mann, wie Darwin, schmerzlich erleben müssen. In seiner Autobiographie schreibt er:

„Bis in das Alter von dreißig Jahren und darüber hinaus machten mir die verschiedenen Arten der Dichtkunst viel Freude; Gemälde und mehr noch die Musik gaben mir einen großen ästhetischen Genuß. Aber jetzt kann ich schon seit vielen Jahren keinen Vers mehr lesen. Ich habe auch meinen Geschmack an Bildern verloren. Mein Geist scheint eine Art Maschine geworden zu sein, um aus großen Tatsachensammlungen allgemeine Gesetze zu destillieren. Daß ich den Geschmack und das Verständnis für diese Dinge verloren habe, ist eine Einbuße an Glück und kann möglicherweise dem Intellekt schädlich sein, sehr wahrscheinlich aber der moralischen Seite unseres Wesens, sofern unser Gefühlsleben geschwächt und abgestumpft wird."

Für den Techniker aber bedeutet diese Abstumpfung seiner seelischen Empfänglichkeit auch eine Schädigung seiner beruflichen Tüchtigkeit, sofern durch diese Einbuße an innerer Feinfühligkeit die psychologische Technik leidet, ohne welche die Leitung einer größeren Anzahl von Menschen nun einmal nicht möglich ist. Und eine ausschließlich technisch-mathematische Bildung, die nur auf das rein Fachliche und Praktische gerichtet ist, wird, wenn sie in demselben Maße weitergetrieben wird, das erzeugen, was ich mit einem vielleicht nicht ganz zutreffenden Vergleiche technischen Assessorismus nennen möchte.

Der Gefahr dieses technischen Assessorismus kann nur dadurch wirksam vorgebeugt werden, daß auf der Hochschule dem jungen Techniker Möglichkeit und Zeit gegeben werden, außer seinen Fachvorlesungen auch solche zu hören, die, wie Geschichte, Philosophie und Ethik, eine veredelnde Wirkung auf seinen inneren Menschen und eine Erweiterung seines geistigen Horizontes herbeizuführen imstande sind.

Am Anfang des neunzehnten Jahrhunderts, als die Deutschen noch das Volk der Denker und Dichter waren, schrieb der nachmalige Philosoph Karl Christ. Fried. Krause nach Abschluß seiner Studien an seinen Vater: „Wie die Welt sein sollte, weiß ich jetzt, und es lohnt sich daher nicht der Mühe, sie kennen zu lernen, wie sie ist." Ich glaube, ein moderner Student am Beginn des zwanzigsten Jahrhunderts würde nach Beendigung seines technischen Hochschulstudiums etwa so an seinen Vater schreiben: „Wie die Welt ist, weiß ich; es lohnt sich nicht der Mühe, zu ergründen, wie sie sein sollte."

Dieser ideallose Realismus ist ebenso verhängnisvoll für den Techniker wie der wirklichkeitsfremde Idealismus eines Krause. Es gilt, die Bildung des Technikers so zu gestalten, daß beide Extreme vermieden, daß ganze Menschen für die hohen Aufgaben der technischen Berufe erzogen werden. Dann, wenn der Techniker von dem Adel seiner sozialen Pflichten durchdrungen ist, werden ihm auch seine sozialen Rechte nicht länger vorenthalten werden können. In diesem Sinne hat schon vor mehreren Jahrzehnten Max Maria v. Weber das Erziehungsproblem des jungen Technikers als den Mittelpunkt der Technikerfrage erkannt. In seinen gesammelten Schriften, die unter dem Titel: „Aus der Welt der Arbeit" 1907 erschienen sind, befindet sich ein Aufsatz mit der Überschrift: „Wo steht der deutsche Techniker — Ein Gespräch unter vier Augen". Es wird hier ein Gespräch geführt zwischen einem Anhänger der alten Anschauung, einem Grafen C., der den Techniker als eine bessere Art Handwerker betrachtet, und einem Vertreter der neuen Anschauung, Baron E., der seinen Sohn Techniker werden lassen will. Baron E. versucht, den Grafen C., der nicht begreifen kann, wie man seinen Sohn einem gesellschaftlich so minderwertigen Berufe zuführen kann, von seinen Vorurteilen abzubringen und faßt schließlich seine Überzeugung in die Worte zusammen: „Erziehet ganze Menschen, die an allgemeiner Bildung und Lebensform auf der Höhe des Völkerlebens und der zivilisierten Gesellschaft stehen, und macht aus diesen dann Techniker — das ist das ganze Geheimnis und die alleinige Lösung des Problems." — —

Nach dieser Abschweifung kehre ich wieder zur Frage des sozialen Vermittleramtes des Technikers zurück. Es dürfte sich manchem die Frage aufdrängen: Ist es denn angesichts der sich feindlich gegenüberstehenden, unpersönlichen Mächte moderner Volkswirtschaft überhaupt möglich, daß der Techniker sozial vermittelnd wirken kann? Die schlimmste Form des sozialen Fatalismus der Gegenwart ist wohl der von vielen ungeprüft hingenommene Glaube, daß die einzelne, ethisch hochgestimmte Persönlichkeit an den Verhältnissen nichts ändern kann, daß die ethische Note wirkungslos verhallt in der Dissonanz sozialer Gegensätze. Das allerdings ist wahr: Die Verhältnisse sind unpersönlicher, die Beziehungen zwischen Arbeitgeber und Arbeitnehmer sind schwieriger und unübersichtlicher geworden, weil sich zwischen beide eine Reihe unpersönlicher Faktoren eingeschoben hat. Aber gerade deshalb muß die ethische Gegenwirkung gegen den aus diesen Verhältnissen entstehenden sozialen Fatalismus umso stärker werden; gerade deshalb darf man die Hände nicht in den Schoß legen und sagen: Die Dinge sind mächtiger als die Menschen. In Amerika, wo der wirtschaftliche Daseinskampf am rücksichtslosesten tobt, ist der Gedanke eines persönlichen Vermittleramtes des Technikers dennoch eine lebendige Macht. Viele Beispiele, in denen durch persönliche Vermittlung Streiks und Konflikte aller Art vermieden worden sind[1]), beweisen das zur Genüge.

Früher glaubte man wohl, daß die Technik als solche die Menschen von selbst innerlich näherbringen müßte. Denn die Technik hat die Menschen unabhängiger von der Natur, aber abhängiger von einander gemacht. Indes bebedeutet das bloße Abhängigsein noch in keiner Weise die Schaffung eines sozial-ethischen Gemeingefühles. Am Ende des 18. Jahrhunderts schrieb Adam Smith die Worte: „Der Mensch ist die am schwersten transportierbare Art Gepäck". Und in der Mitte des 19. Jahrhunderts, als die Eisenbahnen Länder und Menschen zu verbinden begannen, hat Buckle den Satz geprägt: „Die Lokomotive hat mehr getan, die Menschen zu vereinen, als alle Philosophen, Dichter, Propheten vor ihr seit Beginn der Welt". Aber die Verkehrstechnik führt nicht ohne weiteres zu einem inneren Zusammenschluß der Menschen. Das Gefühl der sozialen Zusammengehörigkeit war bei den Reisenden der Postkutsche jedenfalls ein weit stärkeres als bei denen des Luxuszuges. Die moderne Ver-

---

[1]) Vergl. „The Personal Factor in the Labour-Problem" by Hayes Robbins („The Atlantic Monthly", June 1907).

kehrstechnik hat nicht verhindern können, daß die Menschen sich heute schärfer in Klassen scheiden als früher.

Vor kurzem kam die Nachricht aus Frankreich, die Verwaltung der Westbahn habe beschlossen, Wagen für Nichtsprecher einzustellen, d. h. für solche Reisende, die auf der Fahrt von Mitreisenden nicht angesprochen werden wollen. Hierzu schrieb ein gelegentlicher Mitarbeiter der Frankfurter Zeitung (21. Juni 1912): „Sie teilen in der Notiz (in Nr. 157) mit, daß auf der französischen Westbahn Abteile für Schweiger eingerichtet werden und sagen, daß es eine wahre Erholung wäre für viele in ihrem Beruf abgehetzte, nervöse Menschen, einmal Ruhe zu haben vor dem vielfach öden Geschwätz so mancher lieber Reisegenossen. Darf ich als lieber Reisegenosse und als gelegentlich von der Arbeit abgehetzter Mensch auch etwas dazu sagen? In Frankreich, im redeseligen Frankreich, mögen Abteile für Schweiger als Neuerung am Platze sein. In Deutschland brauchen wir sie nicht. Einfach, weil wir sie schon haben. In der zweiten Klasse nämlich, und besonders in der ersten. Da kann man stundenlang, ja tagelang in einem solchen Abteil fahren, ohne daß der Nachbar gegenüber auch nur nur ein einziges Mal den Mund auftäte. Ich bin gar nicht da für ihn. Und er ist gar nicht da für mich. Scheinbar nämlich. In Wahrheit drücken wir durch unser krampfhaft strenges Schweigen mehr aufeinander, als wenn wir gegenseitig dann und wann ein paar freundliche Worte sprächen."

Aber es kommt noch ein weiteres hinzu: die leichte Benutzbarkeit und Schnelligkeit der Verkehrsmittel, die die Menschen jederzeit zu den verschiedensten Völkern führen können, verhindert ein verständnisvolles Einleben in die Wesensart der andern. Indische Zeitungen haben oft darauf hingewiesen, wieviel weniger eng heute die soziale Berührung zwischen der herrschenden und der beherrschten Klasse ist als sie im achtzehnten Jahrhundert war, wo der Engländer unter den Eingeborenen sich Freunde machte und Indien mehr oder weniger seine Heimat war.

Daß auch die moderne Verkehrstechnik die europäischen Kulturvölker in dem inneren Verständnis ihrer Geistesleistungen nicht nähergebracht hat, kann man fast täglich spüren. Frederic Harrison schreibt einmal zu diesem Punkte: „Wir wissen natürlich im Zeitalter der Telegraphen, der Expreßzüge und des myriadenzungigen Journalismus mehr von dem, was in den europäischen Ländern getan und geredet wird als unsere Vorfahren wußten. Verstehen wir aber auch einander ebenso gut wie früher? Empfinden wir die gleiche Freude an der Kunst, der Literatur, den geistigen Bewegungen der fremden Nationen, wie es ganz allgemein der Fall war im Zeitalter eines Shakespeare oder eines Voltaire, im Zeitalter eines Hume oder eines Goethe? Es ist kein Paradoxon, wenn wir behaupten, daß dem nicht so ist. Wir hören über unsere Nachbarn mehr als je. Aber wir haben weniger sympathisches Verständnis für fremdes Gedankenleben, wir besitzen weit weniger von dem kosmopolitischen Genius als die fruchtbarsten Epochen des menschlichen Geistes besaßen." Schließlich verweise ich noch auf ein irrationales Moment unserer Verkehrstechnik, das wir auch bei der Besprechung der modernen Waffentechnik wiederfinden werden. Unsere ganze Verkehrstechnik hat zur Voraussetzung die strengste Einordnung des Einzelnen in die gegebene Organisation. Jedes ihrer menschlichen Organe muß mit der Pünktlichkeit und Sicherheit eines Maschinenteilchens arbeiten. Diese auf Ein- und Unterordnung aufgebaute Organisation erfüllt ihren Zweck, wenn alles ordnungsmäßig verläuft. Tritt aber ein außerordentliches Ereignis ein, eine unvorhergesehene Störung, dann versagt das System. Seine Organe sind nicht für selbständiges Handeln vorbereitet; sie können es auch nicht sein, denn die ganze Erziehung, die den Charakter bestimmt, geht allzusehr auf Unterodnung aus.

Die Bedürfnissteigerung

MAN KANN nur in engerem Sinne davon sprechen, daß Anzahl und Art der Bedürfnisse sich gleich bleiben. Das gilt eigentlich nur für diejenigen Bedürfnisse, die mit der Notdurft des Lebens verknüpft sind. Aber was von Anbeginn den Menschen von der Tierwelt unterschied, waren gerade die hierüber hinausgehenden Bedürfnisse und ihre unaufhörliche Wandlung und Steigerung. B. Gurewitsch hat in einer bemerkenswerten Schrift über „Die Entwicklung der menschlichen Bedürfnisse und die soziale Gliederung der Gesellschaft" dargelegt, wie der Luxus, das Streben nach sozialer Auszeichnung, der Wille zur Macht und schließlich die Nachahmungssucht Bedürfnisse schaffen, die letzten Endes zu Lebensnotwendigkeiten werden. Was heute zu den selbstverständlichen Bedürfnissen der Allgemeinheit gehört, ist anfangs als Luxus einzelner hervorgetreten. Hierbei spielten weder wirtschaftliche Motive noch solche der Zweckmäßigkeit oder Bequemlichkeit mit. Die Zähmung der Tiere fing mit solchen Arten an, die keinen wirtschaftlichen Nutzen gewährten und deren Fleisch von Menschen nicht genossen wurde, wie Papageien, Löwen, Hunde und Katzen. Unsere gewöhnlichen Konsumartikel, wie Kaffee, Tee, Tabak, waren zuerst Luxusartikel einer geringen Anzahl von Menschen, die sich in ihrer Lebenshaltung von den übrigen unterscheiden wollten. Allmählich aber wurden diese Luxusartikel verbilligt und Gegenstände allgemeinen Verbrauches, d. h., die unteren Schichten suchten sich in ihren Lebensgewohnheiten der oberen Schicht anzupassen: der Luxusartikel wurde Massenbedürfnis. In diesem Sinne sagt Schmoller: „Jedes Bedürfnis erscheint zuerst als Luxus, sofern es neu ist und über das Hergebrachte hinausgeht."

Die moderne Technik spielt nun in diesem Prozeß sich wandelnder und sich steigernder Bedürfnisse eine besondere Rolle. Einmal hat sie die Möglichkeit, die alten Bedürfnisse zu befriedigen, ins Ungemessene gesteigert. Sie hat die Resignation aus unserer Kultur vertrieben. Dann aber schafft sie unausgesetzt neue Bedürfnisse. Viele Erfindungen sind gemacht worden, ohne daß ein Bedürfnis dafür vorlag, es wäre sonst unverständlich, daß sie bei ihrem Erscheinen mit Mißtrauen, Haß und Furcht oftmals begrüßt worden sind. Erst nachdem die Erfindung vorhanden war, hat sie das Bedürfnis schaffen müssen. Die Einführung der Eisenbahnen in Deutschland begegnete großen Schwierigkeiten. Wie mußte List unter dem Widerstand gegen seine Eisenbahnpläne leiden! Als im Jahre 1838 der Bau einer Eisenbahn von Berlin nach Potsdam geplant wurde, bezeichnete der preußische Generalpostmeister dem König das Projekt als Schwindel. „Was sollen wir mit einer Eisenbahn? Ich lasse täglich verschiedene sechssitzige Posten nach Potsdam fahren, und die Wagen sind nur selten voll. Wen soll denn die Eisenbahn befördern? Berlin ist doch nicht Paris!" Heute verkehren etwa 300 Züge täglich zwischen Berlin und Potsdam; 20000 Nagler'sche

Postkutschen würden nicht ausreichen, diesen Verkehr zu bewältigen.

Man ist im allgemeinen heute weitsichtiger geworden. Man rechnet geradezu mit der Entstehung neuer Bedürfnisse durch neue Erfindungen. Als Ballin prunkvoll ausgestattete Dampfer für Weltreisen bauen ließ, rechnete er damit, daß das Bedürfnis nach solchen Weltreisen wachsen würde, wenn erst einmal die geeigneten Schiffe vorhanden wären. Die Einrichtung von Luftschiffreisen bezweckt, das Bedürfnis für solche Reisen zu wecken und zu steigern. Für das Leben einer Großstadt gilt das Wort: „Jede Großstadt lebt von der Befriedigung der Bedürfnisse, die sie vorher künstlich gezüchtet hat". Es kommt wohl auch vor, daß man Erfindungen mit großem Kapitalaufwand unterstützt in dem Glauben, ein Bedürfnis liege vor, und daß man sich dann in diesem Glauben getäuscht findet. So erging es den Fabrikanten und Technikern, die eine billige Herstellung von Aluminium erstrebten. Als man glücklich das Aluminium im elektrischen Ofen herstellen konnte, machte man die Entdeckung, daß kein Bedürfnis für Aluminium vorlag. So mußten denn Erfinder und Fabrikanten neue Bedürfnisse für die Verwendung billigen Aluminiums aufsuchen.

Ganz allgemein kann man sagen: Neue Erfindungen wecken neue Bedürfnisse. Es sind vor allem sog. Unterbedürfnisse, die sich auf die billigere und bequemere Gestaltung der Erfindungen beziehen. Die Erfindung des Telephons und seine Verwendung für den öffentlichen Verkehr erweckte eine Reihe von Unterbedürfnissen, die erst durch die weiteren Erfindungen des Mikrophons, der Stöpselkontakte und Schaltungssysteme vorläufig befriedigt wurden. Oft findet geradezu ein circulus vitiosus statt zwischen Erfindung und Bedürfnis.

Die Entwicklung der Kriegstechnik im neunzehnten Jahrhundert bietet hierfür das beste Beispiel. Ich erinnere an den Wettkampf zwischen Panzerplatte und Granate.

So steigern sich mit wachsender Technik die Bedürfnisse. A. Du Bois-Reymond hat den psychologischen Grund hierfür treffend aufgewiesen. Die Entwicklung der Erfindungen rückt immer mehr Dinge in den Bereich des Möglichen, die der voraufgehenden, technisch weniger entwickelten Kulturperiode als völlig unerreichbar erschienen. In der Nähe des Begehrten wächst die Sehnsucht, es zu besitzen. So empfinden wir heute beispielsweise gegenüber der drahtlosen Telegraphie und Telephonie, während für unsere Großeltern diese Dinge noch gar nicht im Bereich ihrer ernsthaften Wünsche lagen. Du Bois-Reymond bringt das Verhältnis der Technik zu den Bedürfnissen auf folgende Formel: „Die Gesamtheit der Bedürfnisse oder das Bedürfnisniveau . . . ist eine Funktion voraufgegangener Erfindungen. Die Befriedigung älterer Bedürfnisse hat nicht Sättigung erzeugt, sondern das Gegenteil. Aus jedem Bedürfnis, das befriedigt wurde, erwächst eine große Anzahl neuer Bedürfnisse.

Damit rechnet auch unsere Wirtschaftspolitik. Unser überseeischer Handel mit wirtschaftlich zurückgebliebenen Rassen ruht auf der Voraussetzung, daß wir bei der Bevölkerung der Absatzgebiete neue Bedürfnisse zu wecken haben. Vor Einführung der Dampfmaschine betrachtete die Industrie die farbigen Rassen nicht als Kunden, sondern als Menschen, die ungeheure Schätze besitzen, mit denen sie selbst nichts anfangen können, und die man deshalb auf friedlichem Wege oder mit Gewalt in Besitz bekommen muß.

Als aber die europäischen Nationen nacheinander die Maschinenproduktion einführten, kam eine andere Vorstellung vom überseeischen Handel zur Geltung. Man produzierte mehr Stapelwaren als man auf den einheimischen Märkten absetzen konnte. Man war nunmehr bestrebt, neue Märkte in jenen transozeanischen Gebieten zu schaffen, in denen ungeheure Menschenmassen zu den Bedürfnissen unserer Industrie erzogen werden mußten. Die „verdammte Bedürfnislosigkeit" wurde jetzt den farbigen Rassen ausgetrieben, infolgedessen mußten sie die natürlichen Schätze ihres Landes auf den Markt bringen und sie gegen unsere Waren eintauschen.

Die Bedürfnissteigerung ist außerdem ein Mittel, um in den Kolonien einen Stamm verläßlicher Arbeitskräfte zu schaffen. Werner von Siemens erzählt in seinen Lebenserinnerungen einen ergötzlichen Fall. Es handelte sich um die Beschaffung von Arbeitskräften für die Hüttendirektion zu Kedabeg im östlichen Kaukasus.

„Es hat der Hüttendirektion zu Kedabeg viel Mühe gekostet, die asiatischen Arbeiter an Steinhäuser zu gewöhnen. Als dieses schließlich mit Hülfe der Frauen gelang, war damit denn auch die schwierigste Aufgabe gelöst. Da nämlich die Leute dort nur sehr geringe Lebensbedürfnisse haben, so liegt kein Grund für sie vor, viel zu arbeiten. Haben sie sich so viel Geld verdient, um ihren Lebensunterhalt für etliche Wochen gesichert zu haben, so hören sie auf zu arbeiten und ruhen. Es gab dagegen nur das eine Mittel, den Leuten Bedürfnisse anzugewöhnen, deren Befriedigung bloß durch dauernde Arbeitsleistung zu ermöglichen war. Die Handhabe dazu bildete der dem weiblichen Geschlechte angeborene Sinn für angenehmes Familienleben und seine leicht zu erweckende Eitelkeit und Putzsucht. Als einige einfache Arbeiterhäuser gebaut und es gelungen war, einige Arbeiterpaare darin einzuquartieren, fanden die Frauen bald Gefallen an der größeren Bequemlichkeit und Annehmlichkeit der Wohnungen. Auch den Männern behagte es, daß sie nicht mehr fortwährend Vorkehrungen für die Regensicherheit ihrer Dächer zu treffen brauchten. Es wurde nun weiter dafür gesorgt, daß die Frauen sich allerlei kleine Einrichtungen beschaffen konnten, die das Leben im Hause gemütlicher und sie selbst für ihre Männer anziehender machten. Sie hatten bald Geschmack an Teppichen und Spiegeln gefunden, verbesserten ihre Toilette, kurz, sie bekamen Bedürfnisse, für deren Befriedigung die Männer nun sorgen mußten, die sich selbst ganz wohl dabei befanden. Das erregte den Neid der noch in ihren Höhlen wohnenden Frauen, und es dauerte gar nicht lange, so trat ein allgemeiner Zudrang zu den Arbeiterwohnungen ein, der allerdings dazu nötigte, für alle ständigen Arbeiter Häuser zu bauen.

Ich kann nur dringend raten, bei unseren jetzigen kolonialen Bestrebungen in gleicher Richtung vorzugehen. Der bedürfnislose Mensch ist jeder Kulturentwicklung feindlich. Erst wenn Bedürfnisse in ihm erweckt sind, und er an Arbeit für ihre Befriedigung gewöhnt ist, bildet er ein dankbares Objekt für soziale und religiöse Kulturbestrebungen. Mit letzteren zu beginnen, wird immer nur Scheinresultate geben." (Lebenserinnerungen, 8. Aufl., S. 216/217.)

Fassen wir all das zusammen, so sehen wir einen Prozeß induzierender Wechselwirkung, zwischen Technik und Bedürfnisentwicklung, der niemals zu einem Abschluß gelangen kann. Den Fehler aller neueren Utopien erkennen wir jetzt darin, daß diese an einen Zustand der Gesellschaft glauben, in dem die Technik ein unveränderliches Maß von Bedürfnissen zu befriedigen imstande ist. Man vergißt aber, daß mit fortschreitender Technik auch neue Bedürfnisse entstehen, zu deren Befriedigung wiederum ein größeres Maß von Arbeit aufgewandt werden muß. Die Menschen werden unablässig vorwärts getrieben von ungestillten Wünschen und Bedürfnissen, deren Art und Zahl von Generation zu Generation immer mehr anschwillt. Von hier aus erkennen wir den Fehler jenes oft angeführten Wortes von Aristoteles: „Wenn das Weberschiff von selbst zwischen Zettel und Einschlag hin- und herliefe, oder der Schlägel des Zitherspielers von selbst die rechten Saiten träfe, so würden Menschenhände bei keiner Kunst zur Ausübung nötig sein. Ein Baumeister würde keiner Zimmerleute und Handlanger und ebensowenig ein Herr und Hausvater der Dienstboten und Sklaven bedürfen."

Diesem Satze liegt eben die Voraussetzung zugrunde, daß der ganze Zustand der menschlichen Gesellschaft in Beziehung auf Zahl und Art der Bedürfnisse sich gleichbleibt. Aber da mit fortschreitender Technik die Bedürfnisse wachsen, so wächst auch das Maß der von der Gesellschaft zu leistenden Arbeit.

Die Bewertung dieser Tatsache hat vielerlei zu berücksichtigen. Bis zu einem gewissen Grade ist Entwicklung von Bedürfnissen gleichbedeutend mit Kulturentwicklung. In diesem Sinne ist alle Kolonialpolitik die Emporhebung der kulturlosen, d. h. bedürfnislosen Massen zur Kultur. Aber nachdem einmal der Prozeß der Bedürfnissteigerung begonnen hat, kennt er keine Grenzen. Der Glaube, daß die Menschen heute zufriedener sein müßten, weil sie gegen frühere Zeiten eine größere Zahl von Bedürfnissen befriedigen können, vergißt, daß das Gefühl der Zufriedenheit abhängig ist von der technisch möglichen Bedürfnisdeckung. Und zwischen dieser und der den Massen zugänglichen Bedürfnisbefriedigung liegt heute vielleicht eine größere Kluft als früher. Eine allgemeine Unruhe und Unrast hat unsere Kultur ergriffen, und alle höhere Erziehung und aller steigende Wohlstand entfernt uns immer weiter von jenem beschaulichen Zustande der guten alten Zeit, der in den Worten von Adam Smith seinen Ausdruck gefunden hat: „Was kann dem Glück eines Menschen noch hinzugefügt werden, der gesund ist, keine Schulden hat, und ein gutes Gewissen besitzt? Und das sind die tatsächlichen Lebensverhältnisse des größten Teiles der Menschheit."

Die Entwicklung und Steigerung der Bedürfnisse und die Möglichkeit, sie zu befriedigen, ist andrerseits ein Zeichen menschlicher Macht. „Die Entwicklung des Bedürfnisses," schreibt Reinhold in seinem Buche „Arbeit und Werkzeug," „ist in Wahrheit nichts als eine Erweiterung der Herrschaft, die für den Geist nur eine Möglichkeit schaffen soll, jeden beliebigen Reiz zu befriedigen. Es ist eine erstrebte Virtuosität, sein Wollen durchzusetzen. Das Bedürfnis ist der Geisteszustand, der als regulatives Prinzip der Wirtschaft die Produktion mit der mindesten Aufopferung befiehlt. Der begehrende Wille ist eine Unendlichkeit: ihm soll der Apparat von Mitteln entsprechen. Daher ist rastlose Bedürfnisvermehrung eine auszeichnende Eigenschaft herrschaftlicher Völker."

Aber hierbei sind die furchtbaren Abhängigkeiten vergessen, die uns die Bedürfnissteigerung der modernen Technik gebracht hat. Ich will gar nicht davon sprechen, daß jedes Bedürfnis gleichzeitig eine Abhängigkeit bedeutet, und daß die Stoiker frei und bedürfnislos gleichgesetzt haben. Die moderne Technik hat ein neues Phänomen der Abhängigkeit erzeugt: die Solidarität der Bedürfnisse. Der Mechanismus unseres Wirtschaftslebens ist durch die Technik so verwickelt geworden, daß durch Störung eines einzigen Produktionsprozesses der ganze soziale Organismus in Mitleidenschaft gezogen wird. Niemals war die Gesellschaft empfindlicher gegen wirtschaftliche Störungen als heute im Zeitalter hochentwickelter Technik. Der Gedanke des Generalstreiks konnte erst zu einer Zeit praktische Bedeutung gewinnen, wo die politische und soziale Existenz der Gesellschaft von einem technischen Apparat abhing, der von einer verhältnismäßig kleinen Anzahl von Menschen gestört werden kann. Was bedeutete ein Poststreik am Ende des 18. Jahrhunderts und was bedeutet er heute! In dem französischen Poststreik vom März 1909 verlor das Postamt täglich 800000 Francs. Die Zahl der unbeförderten Briefe wird auf elf Millionen geschätzt; die der Telegramme auf 300000. Der vierzehntägige Streik der Transport- und Eisenbahnarbeiter vom August 1911 hat England zwei Milliarden Mark, d. h. genau so viel gekostet, wie der mehrere Jahre dauernde Burenkrieg.

So hat unsere hochgesteigerte Bedürfnisentwicklung uns von der Natur freier, von dem Menschen aber abhängiger gemacht.

Wandlung der Werturteile

DIE TECHNIK hat Einfluß auf die Wandlungen gewisser Werturteile, die in einer Gesellschaft herrschen. Jede technisch bestimmte Wirtschaftsform entwickelt nach einiger Zeit von sich aus Werturteile eigener Art. Gebräuche und Sitten stellen sich ein — man denke an das Zunftwesen des Mittelalters —, die wiederum verstärkend auf das

Gefühlsleben zurückwirken, bis man schließlich den überkommenen Stand der Dinge als ewige göttliche Weltordnung empfindet. In Anknüpfung an ein Hegel'sches Wort möchte ich sagen: Alles Wirkliche wird vernünftig. Es entsteht ein Kampf der Werturteile in der Gesellschaft, in der neue Erfindungen zu einer technisch und wirtschaftlich neuen Betriebsform drängen. Ich erinnere an die Gegensätze von Werturteilen, die sich in den nebeneinander befindlichen Wirtschaftsformen, wie Handwerk und Fabrikbetrieb, Kleingewerbe und Warenhaus, bekämpfen. Die Vertreter der technisch überholten Wirtschaftsstufe führen den Kampf gegen das Neue mit Gründen, deren Durchschlagskraft wesentlich auf Gefühlsassoziationen beruht, die im Laufe der Zeit sich dem alten Wirtschaftssystem wie eine Art Patina angesetzt haben; das Neue hingegen mit seiner Gefühlskahlheit entbehrt noch des Klanges emotionaler Worte und Sprichworte.

Der Mensch ist eben von Natur durchaus konservativ. Was man als Neophobie bezeichnet, ist nur ein anderer Ausdruck für die schon dem Naturmenschen eigentümliche Abneigung, vom Alten und Herkömmlichen abzuweichen, wenn auch das Neue zweckentsprechender und rationaler ist. Die französischen und belgischen Bäcker, die noch am Ende des achtzehnten Jahrhunderts den Teig mit Händen und Füßen kneteten und ihn nach allen Seiten mit ihrem Schweiß benetzten, wehrten sich gegen die technisch und wissenschaftlich rationelleren Backmethoden, indem sie ihr Verfahren als „antique et respectable procédé" bezeichneten und behaupteten, die Künstlichkeiten der modernen Chemie könnten den Schweiß als „ferment naturel et indispensable" nicht ersetzen. — Als die modernen Feuerwaffen aufkamen, versuchte man, sie dadurch in Verruf zu bringen, daß man sie als Waffe der Schurken und Feiglinge bezeichnete. Diese Bewertung spiegelt sich in folgenden Versen des Ariost wider:

„Wie hast du Raum in Menschenbrust gefunden
Erfindung voll des Frevels und der Weh'n?
Durch dich ist Waffendienst der Ehr' entbunden,
Durch dich muß Kriegesruhm zugrunde gehn."

Es kommt aber auch oftmals vor, daß einer durch die Technik überflügelten Form wirtschaftlicher Betätigung von Staat und Gesellschaft ein Makel moralischer Minderwertigkeit angeheftet wird. So erging es, wie Calwer in seiner Monographie über den Handel gezeigt hat, dem Hausierhandel. Zuerst wird er in den Orten mit dichterer Bevölkerung vom seßhaften Handel verdrängt. Um sich zu erhalten, greift der eine oder andere Hausierer wohl einmal zu unlauteren Mitteln. Der seßhafte Händler macht dem Publikum jeden einzelnen Fall bekannt und sorgt dafür, daß er zu einer Verallgemeinerung des Urteils führt. Die Gesetzgebung knüpft den Hausierhandel trotz der Gewerbefreiheit an die Zubilligung eines Gewerbescheines. Wie lange aber der Hausierer einem Gewerbebetrieb nachgehen kann, das ist in das Ermessen der niederen Verwaltungsbehörden gestellt. „So zwingt," schreibt Calwer, „eine Gesetzgebung, die eine höhere Form der wirtschaftlichen Entwicklung spiegelt, einer Berufsschicht eine moralische Wertung auf, die in nichts begründet ist, die betroffene Schicht aber in den Augen der Welt herabsetzt und mit sich selbst verbittert. Es ist ein Hausierer — damit ist das allgemeine Urteil gesprochen."

Besonders deutlich läßt sich heute beobachten, wie sich die ästhetischen Werturteile infolge der technischen Entwicklung wandeln. Auch hier findet in einer Gesellschaft, die eine technische Mutationsperiode durchmacht, ein Kampf der ästhetischen Wertschätzungen statt. Ich erinnere an den Protest der französischen Künstler gegen den Eiffelturm und an die Antwort Eiffels. „Wir Schriftsteller, Maler, Bildhauer, Architekten, wir, die wir die bisher makellose Schönheit unserer Stadt bewundern und lieben, wir legen im Namen des französischen Geschmacks im Geiste unserer nationalen Kunst und Geschichte nachdrücklich und empört Verwahrung ein gegen die Errichtung dieses unnützen monströsen Eiffelturmes." So der Protest. Die Antwort Eiffels lautete: „Ich glaube fest, daß mein Eiffelturm seine eigenartige Schönheit haben wird. Stimmen die richtigen Bedingungen der Stabilität nicht jederzeit mit denen der Harmonie überein? Die Grundlage aller Baukunst ist, daß die Hauptlinien des Gebäudes vollkommen seiner Bestimmung entsprechen. Welches aber ist die Grundbedingung bei meinem Turm? Seine Widerstandsfähigkeit gegen den Wind! Und da behaupte ich, daß die Kurve der vier Turmpfeiler, die der statischen Berechnung gemäß von der gewaltigen Massigkeit ihrer Basen an in immer luftigere Gebilde zerlegt zur Spitze emporsteigen, einen mächtigen Eindruck von Kraft und Schönheit machen werden. Birgt doch auch die Kolossalität, die absolute Größe an sich, einen Reiz."

Der Umwandlungsprozeß der ästhetischen Werturteile vollzieht sich zumeist in zwei Phasen. Die technisch Schaffenden stehen anfangs bei ihren Schöpfungen unter dem Zwang der alten ästhetischen Bewertungen. So, wenn Reuleaux Maschinen in gotischem Stil baut; oder wenn die ersten gußeisernen Kaikrane in völliger Verkennung des Gußeisens in die Stilformen des Steinbaus gezwängt werden. Später erst kommt man dazu, die ästhetischen Möglichkeiten zu erkennen, die in dem neuen technischen Material liegen. Dann vermag die Technik selbst stilbildend zu wirken, wie wir es heute beim Eisen- und Betonbau erleben. Wir sind auf dem Wege, eine architektonische Formensprache zu schaffen, in welcher der innere Rhythmus unserer Epoche ausschwingen kann. Heute schon übt die Maschinentechnik einen bestimmenden Einfluß auf unsern Stil aus, dessen wesentliche Merkmale Wahrhaftigkeit und Zweckmäßigkeit sind. Aber die Technik hat auch unser Zeitempfinden ästhetisch beeinflußt. Sie hat durch die Beschleunigung unseres Lebenstempos eine neue ästhetische Bewertung des Momentes, der vorübergleitenden Impression, geschaffen. Es wäre eine interessante Aufgabe, dem inneren Zusammenhang zwischen Impressionismus und moderner Verkehrstechnik nachzugehen. Friedrich Naumann bemerkt einmal, daß das Zeitalter der Postkutsche andere Landschaftsideale haben mußte als das Zeitalter der Eisenbahn.

Welchen Veränderungen unsere ästhetischen Werturteile durch die Luftschiffahrt entgegengehen, darüber vermag man sich gegenwärtig noch keine Vorstellung zu bilden. Es ist durchaus nicht phantastisch, anzunehmen, daß durch die Luftschiffahrt sich ein ganz neuer ästhetischer Sinn bilden wird; hat doch A. Du Bois-Reymond überzeugend dargelegt, daß der uns heute angeborene Sinn für gerade Linien und Rechtwinkligkeit sich erst in historischen Zeiten an der Technik des Steinbaus gebildet hat. Unser Seelenleben, soweit es in Verstandeskategorien und Werturteilen zum Ausdruck kommt, ist eben nichts für alle Zeiten fertig Gegebenes, sondern ist zugleich evolutives Ergebnis und zu neuen Ergebnissen hindrängende Evolution.

Die Waffentechnik

MIT DEM Anwachsen der Heeresmassen, der Entwicklung der Feuerwaffen und dem Fortschritt der Verkehrstechnik haben sich die Mittel der Kriegsführung von Jahrzehnt zu Jahrzehnt gesteigert. Nirgends tritt uns das Gigantische der technischen Kraftentfesselung stärker und unheimlicher entgegen als in den drohend zunehmenden Zerstörungswerkzeugen unserer Kultur. Ungehemmt von allen ökonomischen Rücksichten, die sonst die Ausführung technischer Neuerungen hemmen und verzögern, arbeiten die erfindungsreichsten Geister aller Völker daran, die Waffentechnik zu vervollkommnen. Man mag, man muß diese Tatsache bedauern, man mag die Bestrebungen, die die Rüstungen einschränken und den Krieg aufheben wollen, noch so sehr unterstützen, vorläufig haben wir auf lange Zeiten noch mit dem Kriege als mit einer ultima ratio zu rechnen.

Diejenigen, die für den Krieg eintreten, haben sich stets darauf berufen, daß der Krieg den Menschen zu ungemeinen Leistungen antreibe, ihn hinausführe über die Kleinlichkeiten des Alltagslebens und seine höchsten sittlichen Kräfte entbinde. Aber hat die moderne technische Entwicklung mit ihrerer verstärkten Wirkung aller maschinellen Mittel nicht die Bedeutung des menschlichen Kraftaufwandes immer mehr herabgesetzt? Muß nicht auch die Kriegsführung immer rationaler, d. h. mechanischer und automatischer werden? Muß nicht der Wert der seelischen und sittlichen Faktoren immer geringer werden angesichts der Massenwirkung und der Mechanisierung der Waffen? Wird nicht schließlich der

Einsatz persönlicher Tüchtigkeit bedeutungslos werden und die Entscheidung des Kampfes von dem technisch vollkommneren Apparat abhängen? Für diese mechanische Kriegsauffassung, der man heute vielfach begegnet, wird das Kriegführen, wie Bernhardi in seinem ausgezeichneten Werke, „Vom heutigen Kriege", bemerkt, zum Handwerk und der Feldherr gewissermaßen zum Maschinisten. „Seine Haupttätigkeit würde darin bestehen, den Mechanismus des Kriegsheeres, dem Eisenbahn- und Straßennetz entsprechend in Bewegung zu setzen, das Räderwerk gehörig zu schmieren und der Armee in Gestalt von Munition, Lebensmitteln und Ersatzmannschaften immer von neuem mechanische Kraft zuzuführen."

Und doch muß diese mechanische Kriegsauffassung einer tieferen sozialpsychologischen Betrachtung weichen, die unbefangen die Wechselwirkung zwischen der Entwicklung der modernen Waffentechnik und der menschlichen Kultur untersucht. Ganz allgemein kann man sagen: für den Ausgang des Kampfes haben bei gleicher Zahl und Bewaffnung die sittlichen Kräfte an ausschlaggebender Bedeutung gegen früher gewonnen. Ja, da infolge der technischen Entwicklung die Anforderungen des Krieges an die seelische und körperliche Leistungsfähigkeit sowie an die moralische Widerstandskraft gestiegen sind, werden diese zu bestimmenden Ursachen des Sieges. Wie gewaltig auch die maschinellen Kampfmittel geworden sind, ihre Stoßkraft erhalten sie doch erst durch die menschliche Energie; inmitten der Schrecknisse zischender Geschosse und krepierender Granaten gilt es, unerschüttert und ungebeugt, jenen Willen zum Siege in sich wach zu halten, ohne den auch die technisch vollkommenste Waffe versagt.

Aber auch die Masse wird in ihrem kriegerischen Werte mehr als früher durch den Charakter und das innere Wesen der Nation selbst bestimmt. Als die Heeresmasse noch nicht so groß war, ruhte ihre Kraft auf den in langer Kriegserfahrung erprobten Berufssoldaten. Heute werden bei einer Mobilmachung die Armeen zum großen Teile aus Reservemannschaften bestehen, die allen Volksschichten entnommen sind. Von dem sittlichen Charakter der ganzen Nation wird es daher abhängen, wie weit sie den erhöhten Anforderungen eines modernen Krieges gewachsen sein wird.

Die moderne Waffentechnik hat ferner dazu geführt, der persönlichen Selbständigkeit und Selbsttätigkeit des Einzelnen eine neue Bedeutung zu geben. Infolge der Verbesserung des Infanteriegewehres hat sich das taktische Wesen des Gefechtes von Grund auf verändert. Angesichts der Schnelligkeit und Präzision der Feuergabe, der zunehmenden Reichweite der Geschosse, verbunden mit stärkerer Rasanz und vergrößertem Streuungsraum, müssen sich alle festen Formen schon weit vor der eigentlichen Feuerlinie auflösen. Die Truppe entgleitet dadurch der unmittelbaren Einwirkung des Führers, und der Einzelne erlangt eine Selbständigkeit, die man ehedem ängstlich zu vermeiden suchte. Es war stets das Streben der Führung darauf gerichtet, die Truppe möglichst lange als geschlossene Masse in der Hand zu behalten. In der Zeit der Lineartaktik wurden die Truppen geschlossen bis an den Feind herangeführt. Unterordnung und blinder Gehorsam waren alles, was man von dem Soldaten verlangte. Mit anschaulichen Worten schildert Daniels in seiner „Geschichte des Kriegswesens“ die geschlossene Kampfesweise zur Zeit eines Prinz Eugen und eines Malborough: „Bei den Franzosen in vier, bei den Preußen in drei Gliedern, Schulter an Schulter, in gleichmäßigem Tritt bei den Preußen, ohne solchen bei den Franzosen, aber in beiden Armeen rechts und links die Pelotonführer, hinten die schließenden Offiziere — in dieser starren Formation wurde vorgerückt, auf Kommando die Salve abgegeben und weiter vorgerückt durch das feindliche Feuer, bis wieder das Kommando „Halt!“ ertönte. Da gab es kein Zaudern, kein Ausweichen und keinen guten Willen wie beim zerstreuten Gefecht der Nationalarmeen. Es war nicht der einzelne Mann, der kämpfte, sondern der taktische Körper, das Peloton und Bataillon. Alle Individuen, die ihn ausmachen, sind durch die Gewalt der Disziplin zu einem einzigen Wesen zusammengeschmiedet; es sind keine selbständig handelnden Kämpfer, sondern die Räder und Stifte einer gewaltigen Schießmaschine.“ Die Tirailleurtaktik, die sich in den Kämpfen der Revolutionsarmeen von selbst ergab und die Napoleon dann mit bewußtem Willen zum Werkzeug seiner Erfolge machte, löste die vordersten Linien in Schützenschwärme auf, während die Hauptmasse noch zum Stoß geschlossen gegen den Feind geführt wurde. Heute ist fast das Ganze der fechtenden Truppe in Schützenlinien aufgelöst, die sich weiter und weiter ausdehnen und die es dem Führer im Getöse des Schlachtenlärmes beinahe unmöglich machen, mit seinen Weisungen den einzelnen Schützen zu erreichen. Dieser ist in der Ausnutzung des Geländes, in dem Stellen des Visiers, in der Beobachtung der Feuerwirkung und in dem Einhalten der Richtung bei seiner Vorwärtsbewegung mehr und mehr auf sich selbst angewiesen: er wird nicht mehr zum Siege geführt, er muß sich selber zum Siege führen.

Wie sich mit diesem selbständigen Handeln des Einzelnen

Drill und Erziehung zur strengsten Unterordnung, die das Wesen der Disziplin ausmachen, vereinigen läßt, muß erst die Erfahrung lehren. Daß hier ein irrationales Problem vorliegt, kommt auch zum Ausdruck in der Ergänzung des deutschen Exerzierreglements für die Infanterie aus dem Jahre 1909. Hier hat man der Notwendigkeit individuelleren Handelns insofern Rechnung getragen, als man den Begriff der „parademäßigen Übung" aufhob, dafür aber für alle Formen überhaupt die volle Sicherheit des Könnens und die größte Genauigkeit der Durchführung verlangte. Hierzu schreibt ein österreichischer Kritiker: „Dieser Wegfall des Begriffs der „parademäßigen Übung" bei Erweiterung der Forderungen an größte Genauigkeit bei der Ausführung exerziermäßiger Formen überhaupt ist symptomatisch für den ganzen Zug, der die neuen Bestimmungen durchzieht; auf der einen Seite eine Vereinfachung einzelner formeller Bestimmungen, eine ausgesprochene Neigung, mit manchem Auswuchs der überstrengen Exerzierschule zu brechen, auf der andern Seite gleichzeitig ein Anziehen der disziplinären Fäden, eine förmliche Angst, es könnte durch die Voranstellung der Notwendigkeit gefechtsmäßiger Ausbildung mit ihren freieren individualisierenden Momenten ein Nachlassen in der strammen Disziplinierung am Ende Platz greifen."[1])

Freilich hat sich auch dadurch, daß der Einzelne immer mehr Träger des Kampfes geworden ist, die Auffassung vom Wesen der Disziplin ändern müssen. Zur Zeit Friedrichs des Großen und Nelsons bestand die Disziplin in dem rein mechanischen Gehorsam aufs Wort, der das eigene Denken aus-

[1]) Streffleurs Militärische Zeitschrift, 51. Jahrgang, 1. Band, Seite 51.

schloß. Heute beruht die Disziplin mehr auf der Überzeugung der Untergebenen, daß die Maßnahmen der Vorgesetzten richtig sind, und auf dem Anteil eigener Überlegung an den wechselvollen Gestaltungen des Gefechts. Das setzt natürlich eine geistig höherstehende Mannschaft voraus, als sie früher verfügbar war, und diese geistig höherstehende Mannschaft verlangt auch eine andere Art der Behandlung als ehedem.

In dem Maße, wie die Selbständigkeit des einzelnen Soldaten infolge der durch die Technik veränderten Gefechtsweise gestiegen ist, hat auch die Selbständigkeit der höheren Führer zugenommen. Die Generale Napoleons durften, selbst in Einzelheiten, nicht von dem einmal ausgegebenen Befehle abweichen; taten sie es einmal unter dem Zwange der Umstände, so wurden sie scharf getadelt. Heute ist eine das Einzelne regelnde Leitung, selbst des Bataillonsgefechtes, unmöglich geworden. Die Ausdehnung und Unübersichtlichkeit des Gefechtsraumes und die tausendfache Verwicklung aller taktischen Momente, die zunehmende Beweglichkeit der Massen — all das macht es unmöglich, die Einzelheiten des Kampfes von vornherein in Befehlen festzulegen. Die oberste Leitung kann nur noch im Rahmen der Schlachtenidee allgemeine Weisungen geben und muß es den Unterführern überlassen, selbständige Entschlüsse aus der jeweiligen Lage zu fassen. „Das Unvorhergesehene," schreibt Balck in seiner Taktik, „spielt eine immer größere Rolle, die strategischen Rollen wechseln, so daß es bei der Entfernung von den entscheidenden Stellen nicht immer möglich ist, rechtzeitig einen Entschluß zu fassen. . . . Da von allen vorbedachten Möglichkeiten gewöhnlich das Unerwartete eintritt, so kann die Oberleitung sich nur darauf beschränken, mit wenigen charakteristischen Strichen ihren Willen, das

Wesen der Sache, zum Ausdruck zu bringen, die Ausgestaltung im einzelnen muß sie den Unterführern überlassen." Daher verlangt gerade die moderne, mit technischen Hilfsmitteln überlastete Kriegsführung starke selbständige Naturen. Alle technische Vervollkommnung ist nutzlos für den schließlichen Erfolg, wenn solche Naturen nicht in größerer Anzahl bei einer Armee vorhanden sind. Auf den Mangel unabhängiger Charaktere hat Kuropatkin einen Teil der russischen Niederlagen zurückgeführt. („Männer mit starkem Charakter, selbständige Männer, kommen in Rußland in vielen Fällen leider nicht nur nicht vorwärts, sondern sie werden geradezu verfolgt: in Friedenszeiten werden solche Männer schon oft von ihren Vorgesetzten als unruhige Elemente, als Männer mit schwerem Charakter betrachtet und demgemäß charakterisiert. Die Folge war, daß solche Männer den Dienst quittierten. Und umgekehrt wurden Männer ohne Charakter und ohne Überzeugungen, die aber bereit waren, sich allem anzupassen und den Ansichten ihrer Vorgesetzten in allem zuzustimmen, in den Vordergrund gerückt." Abschiedsworte Kuropatkins an die Offiziere der ersten Mandschurischen Armee.)

Indes hat auch die moderne Kommunikationstechnik, insonderheit das Telephon, neue Gefahren für die Selbständigkeit und die Entschlußkraft der Führer geschaffen. Das Telephon, das die Verbindung zwischen den vorgeschobenen Linien und der Oberleitung herstellen soll, kann diese dazu verleiten, vorzeitig in den Tätigkeitsbereich der Unterführer einzugreifen, wenn sich die Dinge nicht mit der erhofften Schnelligkeit oder nicht in der befehlsmäßig vorgesehenen Weise vollziehen. So ist es des öfteren im russisch-japanischen Kriege vorgekommen, daß Kuropatkin mittels des Telephons seine Unterführer zurückgehalten hat, wenn sie schon nahe daran waren, zu siegen.

Umgekehrt kann auch das Telephon den Unterführer dazu verleiten, sich die Verantwortung zu erleichtern und die eigene Entschlußfassung von der Zustimmung des Oberbefehlshabers, der keinen direkten Einblick in die Sachlage hat, abhängig zu machen. So kann das Telephon geradezu das schwerste Gebrechen des Offiziers züchten: die Unselbständigkeit.

Ferner kann das Telephon leicht moralische Erschütterungen von einer Stelle auf die anderen übertragen.

Schließlich sei noch erwähnt, daß häufigere Verwendung der Ingenieurkunst, wie sie die moderne Schlacht erfordert, schädigend auf den Geist der Truppen einwirken kann. Je mehr die Russen im letzten Kriege an die Stärke ihrer Stellungen glaubten, um so mehr verloren sie das Vertrauen auf die eigene Kraft und damit den Geist der Initiative.

Daß auch die vierte Waffe, die Luftschiffahrt, ganz neue irrationale Momente erzeugen wird, dürfte heute schon feststehen.

Irrationale Momente der Technik

DIE MODERNE Technik ist in jedem ihrer Gebilde ein Triumph rationaler Gestaltung wissenschaftlicher Prinzipien; im Ganzen ihrer Entwicklung und ihrer Entwicklungsmöglichkeiten zeigt sie hingegen ein durchaus irrationales Gepräge. Denn sie unterscheidet sich von aller früheren Technik wesentlich dadurch, daß in ihr längere Stabilisierungsperioden aufgehört haben, und sie unaufhaltsam der

Beherrschung immer neuer Energiearten zustrebt. Es scheint, als habe die Technik mit der Erfindung der Dampfmaschine einen toten Punkt überwunden, um jenseits desselben einem Tempo zunehmender Beschleunigung zu folgen. Nur die Richtung dieser Bewegung ist gegeben: Beherrschung der anorganischen Energien — aber welche neuen Energiearten sich der Beherrschung darbieten werden, das entzieht sich, wenigstens in Ansehung längerer Zeiträume, jeder Voraussicht und Berechnung; denn die Wissenschaft, der sich die Technik im Laufe des neunzehnten Jahrhunderts immer enger angeschlossen hat, sieht in den bisher entdeckten Energien nur einen geringen Bruchteil der im Universum vorhandenen Energiearten. Ein Gefühl des Vorläufigen und Unabgeschlossenen unseres Wissens und Könnens beseelt die Forscher unserer Zeit. Dieser Glaube, daß die Wissenschaft uns immer neue Energiequellen des Universums erschließen wird, und daß die Technik imstande sein wird, diese Energien in den technischen Machtbereich des Menschen hineinzuziehen, gibt der modernen Technik die dramatische Spannung und umspielt sie mit jenem Zauber zukunftsstolzer Hoffnungen, wie sie der Romantik des Empirismus eigen ist. Und dies möchte ich als das heraklitëische Moment der modernen Technik bezeichnen, daß sie alle Beharrung von sich weist, und daß sie durch die ihr zur Verarbeitung zuströmenden neuen Energien nie zur Ruhe und zum Abschluß kommen kann. Hinter Dampf und Elektrizität tauchen schon als neue Energiequellen jene radioaktiven Energien auf, die wir eben erst im Begriffe sind, wissenschaftlich zu erkennen. Mit der Möglichkeit, den Atomzerfall der Radioelemente eines Tages als Energiequelle zu benutzen, rechnen ernsthafte Forscher. In seinem Buche „Vergangenes und

Künftiges aus der Chemie" schreibt Ramsay: „Was auch die wahre Erklärung dieser Wunder sein mag, es kann nicht in Abrede gestellt werden, daß es sich hier um die Anfänge einer Angelegenheit handelt, welche die Zukunft des Menschengeschlechtes auf das tiefste beeinflussen kann und wahrscheinlich auch wird. Betrachten wir die Anfänge der Entdeckungen von Gilbert, Franklin, Volta, Faraday und vergleichen sie mit dem, was sich aus diesen Anfängen entwickelt hat, dem elektrischen Telegraphen und der Dynamomaschine, so können wir den Schluß nicht ablehnen, daß die Zukunft noch viel größere Erfindungen in ihrem Schoße birgt als selbst diese sind. Allerdings haben Entdecker, wie die Curie, Herz, Lénard, Becquerel keine praktischen Anwendungen von ihren Entdeckungen gemacht. Es fehlt aber hier an Menschen, die die praktische Seite solcher Fortschritte ins Auge fassen und sie für Zwecke zu verwenden suchen, die der Menschheit nützlich sind." —

Dazu kommt, daß die technische Verwertung neuentdeckter Energien nicht erst ihre theoretische Erforschung abzuwarten hat; es ist in den letzten Jahrzehnten des öfteren vorgekommen, daß die Technik der wissenschaftlichen Theorie vorangeeilt ist und durch fiktive Vorstellungen sich die Mittel verschafft hat, praktisch mit der wissenschaftlich noch wenig erforschten Energieart zu arbeiten. So geschah es hauptsächlich in der Elektrotechnik. Im Hinblick auf diese macht Poincaré die Bemerkung, daß man sich einer gewissen Ueberraschung nicht erwehren könne, wenn man sieht, wie wenig der Mensch von der ihn umgebenden Welt zu wissen brauche, um sie zu bändigen und seinem Willen dienstbar zu machen. Freilich vollzieht sich die Entwicklung der Technik nicht in ungebrochener Geradlinigkeit. Eine unübersehbare Anzahl von Einflüssen psychologischer, wirtschaftlicher und politischer Art hemmen und durchkreuzen den technischen Prozeß. Auf keinem Gebiet besteht zwischen dem Gedanken und der Verwirklichung des Gedankens ein größerer Abstand als in der Technik. Aber noch ein anderes irrationales Moment kommt hinzu: Neue Erfindungen haben nicht nur eine Wirkung nach vorwärts, sie haben oft auch rückwirkende Kraft auf frühere Erfindungen. Gerade die Dampfmaschine und die Dynamomaschine haben in ganz unvorhersehbarer Weise frühere Erfindungen erst zu ihrer eigensten Wirksamkeit gebracht. Die Erfindung des Schießpulvers und der Schußwaffen war gewiß ein bedeutendes technisches Ereignis, und doch ist sie erst durch die Eisenbahn zu voller Wirksamkeit gelangt. In diesem Sinne bezeichnet Alfred Meyer die Eisenbahnen als die „epochemachendste schlechthin alles Bisherige umwälzende Erfindung für alle Kriegsgeschichte und Kriegskunst." („Der Krieg im Zeitalter des Verkehrs und der Technik"). Das Bedürfnis nach vermehrter Feuerwirkung, das sich heute auf allen Gebieten der Kriegsführung geltend macht, hat dazu geführt, die Handgranate wieder einzuführen und dadurch längst aufgegebene Angriffswaffen zu neuer Bedeutung zu bringen. Uralt ist die technische Ausnutzung der Wasserkraft. Noch bis vor wenigen Jahrzehnten war man auf diesem Gebiete nicht viel weiter als die Römer zu Beginn der neuen Zeitrechnung. Mit einem Schlage änderte sich dies jedoch, als man mittels der Elektrizität Kraft über weite Strecken übertragen lernte.

Dieser Irrationalismus des technischen Entwicklungsprozesses bekommt aber erst dadurch die eigentliche Steigerung, daß der Zusammenhang von Technik und allgemeiner Kultur immer enger wird. Die allgemeine Kultur war schon immer abhängig von dem jeweiligen Stande der Technik. Doch zu keiner Zeit war sie so sehr das Schwungrad der Kultur wie heute. In verstärktem Sinne ist durch Dampf und Elektrizität die Technik eine Macht des geschichtlichen Lebens geworden. Sie ist an Bedeutung den politischen Faktoren zum mindesten gleich geworden, sei es auch nur durch die Tatsache, daß das politische Kräftespiel mit den technischen Mitteln rechnen muß und daß die Technik Daseinsmöglichkeiten für Millionen von Menschen geschaffen hat, für die früher auf europäischem Boden kein Raum war. Im neunzehnten Jahrhundert stieg die Zahl der Bewohner Europas von 170 Millionen auf 500 Millionen!

Bei solcher Lage der Dinge gewinnt der Irrationalismus des technischen Entwicklungsprozesses eine besondere Bedeutung für die soziale Dynamik. Das Vorwärtsdrängen der Technik in unvorhersehbare Richtungen, die Beschleunigung in dem Tempo aufeinanderfolgender Erfindungen und Verbesserungen, die Ungewißheit über die Zukunftsgestaltung technischer Aufgaben, all das teilt sich jenen Gebieten mit, die in mittelbarer oder unmittelbarer Abhängigkeit von der Technik stehen.

Eine andere Art irrationaler Wirkung der Technik besteht in den mehr indirekten Auslösungen, die neue Erfindungen in dem historisch gegebenen Milieu hervorrufen. Eine Erfindung, die zu einem begrenzten Zweck gemacht worden ist, greift in ihren Folgen weit hinaus über die Befriedigung der unmittelbaren Absicht, der sie ihr Dasein verdankt, indem die Erfindung Veränderungen geschichtlicher Lagen hervorbringt, die in keinem Verhältnis zu der in ihr verkörperten technischen Leistung stehen. Als bekannte Beispiele aus der Vergangenheit nenne ich u. a. das Schießpulver und die Buchdruckerkunst. Rein technisch betrachtet ist letztere keine außerordentliche Leistung, aber nach der Seite ihrer seelischen Auslösung bedeutet sie einen neuen Zustand der Menschheit: sie hat den modernen kritischen Geist entbunden, sie hat die geistige Beweglichkeit der europäischen Menschheit geschaffen und der modernen Wissenschaft ihren besonderen Charakter als „science livresque" gegeben.[1]) — Für die moderne Technik will ich nur auf zwei solcher indirekter Wirkungen hinweisen. Zuerst auf das Rassenproblem. Dieses ist eine indirekte Wirkung der entwickelteren Verkehrstechnik. Sie hat die frühere geographische Abgeschlossenheit der Rassen aufgehoben und die verschiedenartigsten Rassen in plötzliche Reaktionsnähe gebracht. Eine andere indirekte Auslösung der modernen Technik ist die Frauenbewegung, sowohl nach ihrer geistigen wie nach ihrer ökonomischen Seite. Durch die beschleunigtere und bequemere Bedürfnisdeckung, die die Technik ermöglicht, wurde ein großer Teil Frauenkraft von der Arbeit im Hause frei und konnte sich neuen Möglichkeiten der Betätigung zuwenden.

Die Irrationalität dieser indirekten Wirkungen der Technik wird besonders noch dadurch erhöht, daß sie sich erst nach Ablauf eines längeren Zeitraumes einstellen, wenn die Erfindung selbst gar nicht mehr als neu empfunden wird. Ein Jahrhundert ist seit der Erfindung der Dampfmaschine verflossen; wir empfinden sie schon als zum Alltag gehörig, aber wir stehen jetzt erst voll unter der seelischen Erschütterung, die sie in der Menschheit hervorgerufen hat. Ähnlich wird es uns mit dem Luftschiff ergehen;

---

[1]) Vgl. auch das Zitat aus Luthers Tischreden weiter unten.

inmitten des Triumphes über den Sieg des Menschengeistes erhebt sich die für uns noch unlösbare Frage: Welche neuen Probleme werden hier auftauchen? In welcher Richtung werden sich die Linien unseres seelischen Horizontes verschieben? Wir befinden uns alle gegenüber einer großen Erfindung in derselben rat- und hilflosen Verfassung, in der der Vater des großen Mediziners Kußmaul sich befand, als er, erschüttert von dem ersten Anblick der Eisenbahn, in die Worte ausbrach: „Nichts ergreift mich mehr als diese Erfindung; und ich sinne vergeblich, wie sie sich gestalten mag.“ Diese Unübersehbarkeit der nächsten Zukunft wird bei gleichbleibendem Tempo aufeinanderfolgender Erfindungen nicht mehr aus der Menschheitsgeschichte zu bannen sein. Im Hinblick auf die indirekten Wirkungen der Technik kann man den Satz aufstellen: Je mehr die eine Epoche das Dasein technisch rationalisiert, um so größer wird die Summe der Irrationalitäten in der nächsten.

Damit komme ich zur Frage des Fortschritts. Betrachtet man die Technik als solche, so stellt sie einen Fortschritt in zwei Richtungen dar. Einmal in der Steigerung des Nutzeffektes der Rohenergien und dann in der Beherrschung neuer Energien. Aber betrachtet man die Technik als Faktor der Geschichte in ihrer Verschlingung mit dem Gesamtleben der Menschheit, so bekommt die Frage des Fortschritts einen irrationalen Zug. Es hat den Anschein, als ob, wie in der Wissenschaft, so auch in der Technik, mit jedem Problem, das gelöst wird, neue Probleme entstehen. Es scheint, als ob der Fortschritt mehr in dem Herausarbeiten neuer Probleme als in dem Vermindern der Probleme bestände. Die Technik sollte uns befreien von den blinden Gewalten der Natur. Sie hat es in hohem Maße getan. Aber gleichzeitig ist das Gebiet der Zwangläufigkeit für den Menschen in erschreckendem Maße gewachsen. Die Technik sollte dem Menschen das Dasein übersichtlicher und zukunftssicherer gestalten; sie hat es auch getan. Aber gleichzeitig hat sie einen Zustand der Unübersichtlichkeit geschaffen, wie er nie zuvor in der Menschheit vorhanden war. Je weiter die Technik fortschreitet, desto empfindlicher wird der soziale Organismus gegen äußere und innere Störungen. Es liegt hier eine Parallelerscheinung zu der biologischen Entwicklung vor: auch hier werden die Wesen mit komplizierterer Organisation leichter anfällig. Im Fortschritt der Technik liegen Probleme, welche nicht wieder durch die Technik selbst ihre Lösung finden können. Nur einen Teil der Wunden, welche die Technik schlägt, vermag sie wieder zu heilen. Der Gedanke, den Enthusiasten der Technik oft geäußert haben, daß der technische Fortschritt direkt den der Vernunft bedeute, dieser Gedanke läßt sich angesichts der Gegensätzlichkeit im Fortschritt der Technik nicht aufrecht erhalten.

Schlußbetrachtung

ND DAMIT kehren wir zu denjenigen Gedanken zurück, von denen wir in dieser Schrift ausgegangen sind. Wir sagten, Baco habe zweierlei nicht in Rechnung gezogen: fürs erste, daß der Fortschritt der Technik immer wieder neue Irrationalitäten hervorbringt, und fürs zweite, daß fortschreitende Technik einer erhöhten Anspannung sittlicher Kräfte bedarf. Beide Behauptungen haben wir oftmals Gelegenheit gehabt, durch Tatsachen zu erhärten. Die erste Behauptung bedeutet den Zusammenbruch des neuzeitlichen Glaubens, es ließe sich bei völliger Abkehr von allem Überweltlichen unser Dasein bis in das Letzte hinein rationalisieren. Einer der stärksten Antriebe der modernen Kultur äußert sich in dem Bestreben, das Zufällige und Unberechenbare immer mehr zurückzudrängen und aufzuheben. Will man unter Rationalismus auch das Bestreben verstehen, alle Lebensgebiete der Wissenschaft zu unterwerfen, und überall Ordnung, Übersichtlichkeit und zweckmäßige Gestaltung einzuführen, so hat keine Epoche diesen Rationalismus kräftiger verwirklicht als die unsrige. Und gerade in der modernen Technik hat der Rationalismus seinen höchsten Triumph gefeiert. Nun aber besteht, wie wir gesehen haben, zwischen diesem Rationalismus und der modernen Technik ein seltsam paradoxes Verhältnis, etwas von jener Ironie der Geschichte, nach der ein Prinzip sich überschlägt und in seinen Folgen die Voraussetzungen aufhebt, von denen es ausgegangen ist.

Noch nach einer andern Seite weist dieses Ergebnis auf bedeutende Folgen. Wir müssen ein für alle Male von der Vorstellung loskommen, es liege ausschließlich im Verfolg einer einzelnen Idee das dauernde Heil der Menschheit, sie sei nun die Wissenschaft, der Staat, die Religion oder die Technik. Diese Anschauung stammt noch aus Zeiten, die an letzte voraussehbare Abschlüsse glaubten, an ein Ziel für alle, aus Zeiten, die, bewußt oder unbewußt, von dem Gedanken geleitet waren, daß es nur einen Heilsweg der Menschheit geben könne und man ihn jetzt erst gefunden habe.

Die moderne Technik verführte zum letzten Mal zu

diesem Glauben aus der Jünglingszeit der Menschheit. Ob nun ein Luther in seinen Tischreden die Worte spricht: „Die Buchdruckerei ist summum et postremum dei donum, die höchste und letzte Wohltat und Verehrung Gottes, durch welche er die Sache des Evangeliums forttreibet, es ist die letzte Flamme vor dem Auslöschen der Welt", oder ob eine technologische Geschichtsphilosophie von der Entwicklung der Technik den Sieg des Guten erwartet: beide Male wähnt man der Zukunft sicher zu sein. Und doch bedeutet der Fortschritt der Technik mit seiner fast unbegrenzten Steigerung der dynamischen Möglichkeiten eine Umwälzung der planetarischen Daseinsbedingungen des Menschen und im Gefolge davon unvorhersehbare Veränderungen seiner seelischen Grundstimmung, seiner Lebensauffassung, seiner letzten Weltgefühle. Alle definitiven Abschlüsse und überschaubaren Zusammenhänge, aller gleichförmige Rhythmus bestimmt wiederkehrender Ereignisse, kurz, der enge aber sichere Übersicht gewährende Lebenshorizont früherer Zeiten ist unsern Blicken entschwunden. Wir haben noch kaum begonnen, daraus die Schlußfolgerungen zu ziehen für unsere innere und äußere Staatskunst. Wir müssen den Glauben aufgeben, als könnten wir die Zukunft des Menschen erkennen und sie in dem festen Programm einer sozialen Organisation festlegen, denn, wie A. Du Bois-Reymond es einmal treffend formuliert: der Gedanke kann sich niemals von der Wirklichkeit so weit entfernen, wie sich die Wirklichkeit im Laufe der Zeit von sich selbst entfernt.

So hat sich das Ergebnis herausgestellt, daß je mehr wir an Macht über das Einzelne des technischen Prozesses gewinnen, wir an Macht über das Ganze verlieren. Keine Organisation vermag hier Wandel zu schaffen — es sei denn, daß wir, wie die Bewohner von Erewhon in dem Roman von Butler, die technische Erfinder-tätigkeit verbieten und alle Maschinenarbeit aus der Gesellschaft verbannen. Da dies aber ohne Vernichtung von Millionen von Menschen, deren Existenz von der Maschinenarbeit abhängt, nicht möglich ist, so werden sich aus der unberechenbaren Schnelligkeit, mit der die Erfindungen aufeinander folgen, immer von neuem Irrationalitäten ergeben. Eine Endgültigkeit ist in unserer Welt des Wechsels nicht zu erreichen. Das wußte man wohl schon immer; wir aber erleben es in einem so starken Maße, daß es ein Teil unseres Glaubens geworden ist. Der technische Fortschritt vollzieht sich so schnell, daß ihm die erforderliche Neuordnung der Gesellschaft nicht folgen kann.

Weil dem aber so ist, hat das ethische Problem in der technischen Kultur verstärkte Bedeutung gewonnen. Wer, wie Hegel oder Marx, in der Geschichte einen Prozeß sieht, der aus innerer Notwendigkeit zur Vernunft führen muß, der wird den sittlichen Kräften keinen bestimmenden Einfluß zuschreiben. Der technische Fortschritt des neunzehnten Jahrhunderts, zusammen mit den Erfolgen wirtschaftlicher Organisation, hat die Sozialisten oftmals dazu verleitet, ausschließlich von der Wirkung äußerer Faktoren alles zu erwarten. „Sie scheinen zu glauben," schreibt im Hinblick auf diese Anschauung B. Jacob, ein französischer Denker, der selbst dem Sozialismus zuneigte, „es genüge, unsere ökonomische Ordnung umzugestalten, um mit einem Schlage auch alle Übel, unter denen unsere Gesellschaft leidet, aus der Welt zu schaffen. Sie bedenken nicht, daß diese Übel weniger die Wirkungen unserer ökonomischen Ordnung als der gegenwärtigen Unvollkommenheiten der menschlichen

Natur sind, und daß, solange diese Unvollkommenheiten bleiben werden, was sie sind, kein Dekret, kein Gesetz, die Leiden wird unterdrücken können, die in ihrem Gefolge erscheinen. Möge morgen auch das individuelle Eigentum verschwinden, und mögen alle Franzosen nur noch Teilhaber an der gemeinsamen Arbeit der Ausbeutung des sozialen Kapitals sein, so ist es doch einleuchtend, daß diese Arbeit nur wird gelingen können, wenn jeder ihr einen lebendigen Geist der Solidarität entgegenbringt, der Hingabe an das gemeine Wohl, oder, wie die Engländer sagen, des sozialen Mitgefühls."

So können alle äußeren Veränderungen, die die Technik herbeiführt, der Seele des Menschen nicht entraten. Die Technik ist etwas sittlich Neutrales, das sich in den Dienst des Guten wie des Bösen stellen kann. Jede technische Erfindung legt eine neue Macht in die Hand des Menschen und damit eine neue Versuchung zum Bösen.

Aber mit unserer Macht über die Dinge ist nicht in gleichem Maße die Macht über uns selbst gewachsen. Vielmehr müssen wir uns am Ende einer Epoche ungeheurer technischer Erfolge eingestehen, daß wir an geistiger Kraft, an sittlichem Ernst, an glaubensvollem Idealismus stark eingebüßt haben. Die Quellen der religiösen Kultur, die noch den Schöpfern unserer Technik flossen, sind für Millionen unserer Zeitgenossen versiegt oder dürftige Rinnsale geworden. Die großen tragenden Gedanken, die früheren Kulturepochen innere Einheit und beseligenden Schwung gaben, sind uns vielfach abhanden gekommen. Über dem Reiche der Mittel haben wir das Reich der Zwecke verloren, über dem Zeitlichen das Ewige. Ja, eine seltsame Verkehrung ist eingetreten: was Mittel war — die technische Daseinsgestaltung —

ist Selbstzweck geworden. Wir haben uns mit unseren letzten Idealen der Erde verschrieben. Aber nicht der Mutter Erde, aus deren Berührung dem Menschen nach der griechischen Sage neue Kräfte zuströmen, sondern dem technisch bezwungenen Raum, in dem unser Leben, aller Gefahr enthoben, in gleichmäßig lauer Atmosphäre bequem ablaufen kann.

Die Technik, die den Geist zum Siege über die Materie geführt hat, kann ihm auch leicht zum Verhängnis werden, wenn er im Rausch der Erfolge seine ewige Aufgabe vergißt: immer wieder über sich selbst hinauszuschaffen, nicht nur neue Mechanismen, sondern auch neue sittliche Gewalten als Gegenwirkungen gegen die Übermacht des Materiellen. Daher drängt die technische Kultur in einem neuen Sinne zur Religion zurück. Anfangs konnte es zwar scheinen, als ob die Technik mit ihrer Rationalisierung des Daseins der Religion immer mehr Abbruch tun würde. Vieles, was man früher von der Vorsehung verlangte — die Sicherung und Versicherung unseres Lebens und unserer Lebensgüter — haben heute Technik und staatliche Organisation für die Massen übernommen. Die Hilflosigkeit unserer Existenz drängt sich uns nicht mehr so oft auf als früher. Die dunklen Untergründe der Kultur: verheerende Laster, entstellende Krankheiten, hinsiechendes Elend, sind den Blicken der meisten entzogen. Durch all das haben die religiösen Ideen im Lebensgefühl des Durchschnittsmenschen an Wirkungskraft verloren. „Die Kreuzesvorstellung wirkt auf die Massen nicht mehr," schrieb kürzlich ein anglikanischer Geistlicher.

Aber wenn auch in Westeuropa die gröberen Motive, die bisher zur Religion führten, an Bedeutung verloren haben, die edleren Motive des religiösen Bewußtseins sind bei den geistig Führenden um so stärker geworden. Denn sie wissen es: helfen kann uns nur die Selbstbesinnung auf die sittlichen Gewalten der Seele. Von uns selbst gilt es, wieder Besitz zu ergreifen, von jenem tieferen ursprünglichen Ich, woher noch reine Kräfte des Guten erweckt werden können zur inneren Erneuerung des Lebens. In solcher Erneuerung aber verschlingt sich Gnade und eigene Tat zu unauflöslicher Einheit. So drängt das sittliche Problem, das die technische Kultur mit neuer Eindringlichkeit uns stellt, von selbst zur Religion. Und zwar zu einer Religion, die sich nicht im mystischen Schauen genug sein läßt, sondern die den Menschen stärkt in der Kraft seines Geistes, damit er wieder Herr werde seiner selbst und der Mächte, die er geschaffen.

Inhaltsverzeichnis

Zeitfracht Medien GmbH
Ferdinand-Jühlke-Straße 7
99095 Erfurt, Deutschland
produktsicherheit@kolibri360.de